名誉主编 马国馨
主　　编 金 磊

建筑评论

Architectural Reviews

15

改革开放40年的城市记忆：北京·石家庄·深圳·广州

天津大学出版社
TIANJIN UNIVERSITY PRESS

图书在版编目（CIP）数据

改革开放40年的城市记忆：北京·石家庄·深圳·广州 / 金磊主编. —天津：天津大学出版社，2018.10
（建筑评论）
ISBN 978-7-5618-6279-7

Ⅰ.①改… Ⅱ.①金… Ⅲ.①建筑设计—中国—文集 Ⅳ.①TU206-53

中国版本图书馆CIP数据核字（2018）第242339号

Gaige Kaifang Sishinian de Chengshi Jiyi：Beijing·Shijiazhuang·Shenzhen·Guangzhou

策划编辑 金　磊　韩振平
责任编辑 郭　颖
装帧设计 董晨曦

出版发行 天津大学出版社
地　　址 天津市卫津路92号天津大学内（邮编：300072）
电　　话 发行部：022-27403647
网　　址 publish.tju.edu.cn
印　　刷 北京华联印刷有限公司
经　　销 全国各地新华书店
开　　本 149 mm×229 mm
印　　张 10
字　　数 170千
版　　次 2018年10月第1版
印　　次 2018年10月第1次
定　　价 26.00元

目录

目录

Contents

我们与城市建设的四十年 · 北京论坛

单霁翔　马国馨　赵知敬　费麟　黄星元　季元振

布正伟　寇勤　孟建民　仲继寿　周恺　张爱林

路红　张宇　崔彤　邵韦平　孙兆杰　张琪

罗隽　郭卫兵　金卫钧　郭骏　薄宏涛　朱颖

宋雪峰　殷力欣　陈雳　金磊

编者按：

2018年3月29日，一场由中国文物学会20世纪建筑遗产委员会、中国建筑学会建筑师分会联合主办的“笃实践履 改革图新 以建筑与文博的名义纪念改革：我们与城市建设的四十年·北京论坛”在北京嘉德艺术中心举行。本次论坛通过对四十年改革开放“建筑与文博”事件的回望，梳理了建筑师与文博专家的改革精神与实践，既有艺术拍卖的践行者——中国嘉德国际拍卖有限公司靠改革跻身世界拍卖业行列，又有故宫博物院600年“文化+”的创意探索，使建筑设计与之真正来了场跨界对话。中国文物学会20世纪建筑遗产委员会副会长、秘书长金磊任主持人。以下为本场论坛的嘉宾发言。

金磊（中国文物学会20世纪建筑遗产委员会副会长、秘书长）：

自1978年以来，中国改革开放已步入第四十个春秋。作为一介建筑学人，我们已经连续15年在春天举办新春建筑文化论坛，今天“聚众智”的新春论坛无论对新中国建筑史，还是对中国建筑评论都是理论之渠、实践之水。大作家果戈理说过，“建筑是时代的纪念碑”，它很贴近今天论坛的主题。用40年改革足迹审视“建筑与文博”，既是中国城市建设演变的20世纪遗产“事件史”，也是用建筑评论梳理出的理性“正果”。在由中德建筑师合作设计的刚刚落成的北京嘉德艺术中心举办此次论坛，无论是场所感，还是建筑文博精神，都有丰富的改革话题。

新华社3月22日刊发的《2018年全国两会巡礼》综述中说，即使若干年后回望，2018年春天召开的不寻常的“两会”，依然闪耀着璀璨的光芒，其最重要的意义是无论时空如何变幻，都要铭记新时代的改革方位：40年前，1978年的春天，3月的全国科学大会及5月11日《实践是检验真理的唯一标准》的发表使改革开放的春潮涌动；26年前，1992年的春天，《春天的故事》再掀改革开放的大潮；2018年改革开放40周年，推进改革，万涓成水，这是改革的见证者、开创者的特有视野。恩格斯说过，文艺复兴时期最需要巨人，而且是产生了巨人的时代。联想中国改革开放40年的变化，可以说这是解放思想、产生巨人与奇迹的时代。十年前我们曾经推出《中国建筑设计三十年（1978—2008）》一书，当时我们对它的定位有三句话：记载三十年设计体制转折与变迁；影响一段历程并追求建筑共生与融合；靠故事书写建筑师三十载传奇与激情。

我颇赞赏“以书为缘”的说法，因为这里有亟待拓展的知识视野和极具穿透性的人文素养与潜在思考，有借鉴与创意。在《中国建筑设计三十年（1978—2008）》一书中共收录三十余位建筑学人的言论，现在读来很切合今天会议的主题，择要其中六人的话：任何改革都必须符合行业特点和发展规律，必须符合人的本性和基本需求（修龙）；建筑印证着时代变迁，虽其中有人与事，有想象与情感，有伟大也有平庸，但它们凝聚起的建筑思想，镌刻出的深刻，已总结并积累下属于时代精神的回望（张宇）；中国的改革开放，让世界认识了一个真正的中国，中国建筑师也因此走上了世界舞台（庄惟敏）；这些年真不知道哪一分钟属于自己，哪一分钟属于社会，忽略了得失，忘记了年龄，如诗如歌的30年在我们这一代建筑师心中燃起的激情永不衰竭（黄汇）；改革开放为我国的建筑师打开了一扇绚烂多彩的世界建筑之窗，可谓“大象言无形，大器今有成”（刘临安）；思想观念开放引出建筑观念生态，意识形态改革造就建筑形态发展（钱方）。

如果时光允许我们盘点中国建筑设计40年的“贡献榜”，我们以为成就并非仅仅是那些有着完美历程的大型设计研究单位，还应向所有为中国建筑设计创新进行过博弈的建筑师与机构投以致敬之票。今天“以建筑与文博的名义纪念改革”北京论坛，意义深远且行动务实，因为通过这个命题可将话题延伸到设计界的纵深处，靠思想解放后的分析，再度树立中国设计的文化自信，从而带动设计作品与思想的提升。它在用“有态度的设计”去传承城市创新精神，更让跨界这一改革的举措富于文化内涵。

恰如设计正是创意的学科一样，改革的主旨是创新谋略。在本届“北京论坛”召开之际，我们有必要回眸并归纳中国建筑四十年的重要改革节点，它们虽并不完备，但确是历史印迹；它们或许还有某些偏颇，但确是可丰富的设计改革史的“智慧说”；它们是四十年中国建筑作品与建筑师创新足迹的写照。①它们见证了中国建筑设计历经转企改制、技术更迭、管理创新、执业认证、繁荣创作的全过程；②它们见证了设计改革引领了正确的学术方向，让建筑师注入全新活力，激荡迸发创意设计；③它们见证了“设计改革史”是关于思想与建筑的“事件说”，它并非建筑新作品的简单罗列，而重在写出活生生的建筑作品背后的事件脉络；④它们见证了与时代相映的宏大建筑作品中，不乏学术创新路上的恩师指引，提醒业界不要忘记40年来的那些贡献者与开创者；⑤它们

金磊发言

会场

见证了城市大发展的时代，中国建筑的“优与劣”，要按建筑方针去品评，好与差需要由中国人自己评说；⑥它们见证了设计改革并非只关注时尚精神，建筑师需要有对城市史乡愁般的敬畏，作品也需要有态度的设计；⑦它们见证了优秀作品不需太追求奢侈，真正能走向世界的一定是品质、个性与想象力兼备者；⑧它们见证了阅读是最好的纪念，设计不仅需要学术灯塔，也离不开“榜样好图书”讲述的中国故事；⑨它们见证了恰恰是这四十年，在建设性与保护性破坏浪潮下，城市的一批文化地标还在坚守，还在涌现；⑩它们见证了面对改革“破”与“立”的反叛传统与挑战规则，前辈建筑大师的努力与新一代建筑师的进化已经交织在一起，面向业内外的建筑评论与建筑文化传播功不可没。

回望过去，改革开放是国人从上到下的图腾，设计界曾经历过为吃饱肚子，为创作性择业，为去更广阔的精彩世界闯荡，为建筑师的尊严与权利得到保障的种种奋争；遥望今朝，站在改革开放40载的历史节点去品评，除了自豪改革为建筑与文博、城市与设计带来耀眼成就外，是否也该在咀嚼“改革开放的纪念形式”中省思，建筑与文博界不仅要解惑，也应酝酿如何再出发，目的是留有记忆，有传承，有向往。

寇勤（北京嘉德艺术中心总经理）：

我一直对建筑充满了憧憬，因为它不仅有很多精彩的瞬间，它的永恒，它的长久，它对人类社会生活的影响更是巨大的。因此，今天我看到这个主题，就觉得特别新颖，我们是以建筑与文博的名义纪念改革，而且在北京嘉德艺术中心这么一个全新的建筑里举行，有特别的意义。

嘉德短短25年的发展历程与文物改革、文物市场发展和相关配套设施的完善紧密相连。应该说在这儿最有发言权的是单院长，特别感谢单院长能够亲临活动现场，也给予北京嘉德艺术中心很大的支持。我们现在所在的北京嘉德艺术中心，举行过一系列的艺术活动。比如嘉德·典亚艺术周博览会，这是一种新的业态，它把世界上一些重要的艺术画廊、博览会，包括有些市场发达地区的机构、艺术家邀请过来，以博览会的方式来呈现各种不同的艺术品和艺术表现形式。这是一种现在比较时尚、比较风行的模式。此外，还有各种各样的文化艺术活动，如读书会、画展、当代装饰展等，当然还有各种规模的拍卖活动。

我想再说一些感悟。在建设北京嘉德艺术中心的时候，确实有天时、地利、人和诸多因素。如果从签协议的时间计算，今天北京嘉德艺术中心已经进入第八个年头；如果从动工建设的时间计算，从铲第一锹土到现在也有五六年的时间了。实际北京嘉德艺术中心的建设时间大概三年半。楼上这部分是酒店，大概在 2018 年的六七月投入试运行。这个工程最早的使用方案不是艺术机构，而是以商住为主，几经周折，最后变成北京嘉德艺术中心呈现出来。这种功能的改变其实代表着时代的变化，在时代发展中，人们有了对艺术的追求，这也促使我们拍卖行业改变游牧的艺术经营模式，在北京的重要地段打造一个地标式建筑。嘉德到今年就 25 年了，关于它的拍卖，大家比较熟悉，但是我们一直不满足于只做拍卖的生意。在这次的整体建筑设计上，我们投入 20 多亿的资金，作为一个公司来讲，也是一件不太容易的事情。

在整体结构上，我们尽可能让它有一种综合服务的功能，所以我们现在所在的 B1 是以拍卖为主的两个厅，一楼是以展览为主的大厅，二楼是以展览陶瓷、家具等高度有限的产品为主。而且我们在楼上设计了一个五星级艺术酒店。其实很多人告诉我们，“你们不应该盖这个酒店，你们糊涂，这个并不挣大钱，如果盖成商住楼、高级公寓，卖掉的话，早把这个钱挣回去了”。我们反复考虑决定不能这么做，因为一个艺术中心一定要有综合服务、综合配套，到这个地方无论做展览、做拍卖，还是做其他文化活动的嘉宾或客人，都需要优质服务的配套。因此，我们把楼上规划成 116 间客房，切切实实也是下了很大决心的。现在的结果是让这个建筑有了很好的配套服务功能，既能够连通，又能够割断。

我举两个小例子。第一，在客房设计的时候，我们特别要求客房可以直播我们楼下两个厅的拍卖现场。这不是什么了不起的事，但对于真正有体会的买家来讲是一件非常值得高兴的事，因为他不必从头到尾地坐在拍卖厅，可以买一两件，然后回房间休息一个小时，如果在楼上既能把握现场情况，又能够积极参与的话，这是非常有意思的事情。第二，我们也花了一些精力在楼上每一个客房里专门定制了特大的保险箱，半人多高，一米多深，五六十米宽的特制保险箱。为什么？就是为了让客人能够随时存放在其他饭店无法代为保存的东西。因此，无论从设计角度来讲，还是从它的功能来讲，我们力求使它成为一个建筑地标。比如说我们看到建筑立面上有两千多个灯口，白天时有采光效果，但到了晚上，在它们全部亮起来的时候，人们会惊奇地看到它们其实就是《富春山居图》的剪影。所以，从立面来说，整个建筑艺术感非常强烈。我们离故宫很近，故宫应该是皇朝文化，现在知识分子所追求的可能是士大夫文化，骨子里带有一种社会责任，有点清高。因此，在楼上酒店部分的设计，如玻璃幕墙方面，我们一直在追求老北京胡同青砖的那种效果。我们希望这个楼能成为大家所关注的建筑地标。但如果仅仅是个建筑地标，它是没有灵魂的，我们这些年非常注重给这个楼注入更多文化艺术的活力和元素。我跟大家表达的态度是北京嘉德艺术中心整体定位应该是严肃的、专业的，但不应该是保守的、单一的，它有更大的宽容度和包容度。它的合作模式、对外形象要够专业、够水准。我们不会因为不同题材、不同年龄段、不同国家地域而区别对待。最近来了很多海外机构，它们问嘉德中心是不是只对中国传统文化感兴趣？我说其实不是，看看我们的建筑，也是很多中外建筑师、很多中外艺术风格结合碰撞的结果。另外，我们还想在这个建筑里形成一种比较开放的亲和的力量，计划每年举行二三十场各种各样的公共艺术教育活动，其中相当一部分都是免费的。我们还自己专门开辟了嘉德文库出版计划，希望借这个机会听听众多大师和专家的高见。

仲继寿（中国建筑学会秘书长）：

我代表中国建筑学会理事长修龙先生对本次论坛的成功召开表示热烈祝贺！因为中国建筑学会和中国文物学会共同支持了这个论坛，这应该是中国建筑界与中国文物界共同跨界审视中国建筑文化以及中国建筑与传统文化之间的融合共生。下面我宣读修龙理事长的致辞。

在过去的岁月里，中国建筑学会与中国文物学会一道，共同支持中国 20 世纪建筑遗产评选工作，已经于 2016 年 9 月和 2017 年 12 月先后评选认定了两批共计 198 个项目，载入中国 20 世纪建筑遗产项目史册中。这不仅是经典成果的写照，更成为一段段时代的记忆，它愈发令中国城市文博界、建筑界瞩目。

2009 年 1 月出版的由中国建筑学会旗下建筑师分会与《建筑创作》

杂志社编写的《中国建筑设计三十年（1978—2008）》，用三句话概括了以建筑的名义纪念改革的理念。这是一本旨在记载三十年设计体制转折与变迁的书；一本力求影响一段历史并追求建筑共生融合的书；一本靠故事中的人书写三十载传奇与激情的书。

今天由中国文物学会 20 世纪建筑遗产委员会、中国建筑学会建筑师分会主办的“以建筑与文博的名义纪念改革：我们与城市建设的四十年·北京论坛”，体现了从建筑师、文博专家视角跨界交流的特色，表征了中国改革 40 年历程在建筑师与文博家心中的地位，大家感悟改革的贡献，感悟改革的春风，感悟改革带来的理念之力。

无论是中共“十九大”关于深化党和国家机构改革的决定，还是十三届全国人大第一次会议的政府工作报告，都指出以纪念改革开放 40 周年为契机，重在如何用持续改革，不断解放生产力，将改革进行到底。今天的会议选择在刚落成的北京嘉德艺术中心举行，有特殊的意义。这不仅是因为这幢有鲜明特色的新建筑是中德建筑师共同创作的产物，更在于有着 20 多年历史的嘉德拍卖集团正是因改革而生的企业，它为海内外艺术家、设计家、收藏家搭建了“一站式”艺术品全域平台，它象征着北京的新文化地标，它是北京中轴线申遗网络上不可或缺的新艺术文化传播点。

“以建筑与文博的名义纪念改革：我们与城市建设的四十年”是一个时代的记忆，它借建筑师、艺术家纪念 40 年改革之机去精心采集，用心言说自己如何在这个舞台上用一己之力，踏过起跑线，走上越宽越远的路；以城市与建筑的名义纪念改革，不仅可以看到改革在时代变迁中统领全局，还让城市触摸到获得感，不少城市正是从改革中获得了非凡的建筑科技文化地标：安徽小岗村的“红手印”拉开了农村改革的序幕，可以联系到今天的新型城镇化之“乡村振兴计划”；深圳蛇口湾的摩天大楼，见证了 20 世纪 80 年代不可思议的中国奇迹；黄浦江的滔滔江水，鸣响着浦东崛起的足音；奥运会建筑绘出的美丽图画，书写下文化北京的处处精彩；从京津冀协同发展到雄安新区规划建设的历史性工程，必将成为中国新型城市建设的一个典范。

“以建筑与文博的名义纪念改革：我们与城市建设的四十年”是中国建筑设计界这部学术大书写出新意所需要。新中国建筑事业近 70 载历史说明，城市与建筑上的诸多命题在内容和观点上要突出原创性，中国建筑文化自信需要自成体系的学术理论与方法的可推广性，提升全民的

嘉宾发言

建筑艺术文化审美离不开鲜明且有效的建筑教育与多层次的公众阅读指引。这些都不能缺失改革开放理念下的历程梳理以及寻找问题的评论意识。对设计界乃至国家改革开放的发轫是有迹可寻的：20 世纪 60 年代极端封闭；70 年代末阳光初现；80 年代思想解放；90 年代视野开拓。

新千年至今，改革需要再出发，要求并启示我们：要以跨界之思串起城市时代、历史建筑、当代设计，并创造搭建起强大的融合交叉的学术平台。中国建筑学会将与中国文物学会一道，用改革之思打破制约设计生产力发展的桎梏，给建筑师创作更大的创新自由，让他们在国内外舞台上施展拳脚，真正不负这个伟大的时代。再次祝贺“笃实践履　改革图新　以建筑与文博的名义纪念改革：我们与城市建设的四十年·北京论坛”召开！

张宇（全国工程勘察设计大师、北京市建筑设计研究院有限公司副董事长）：

北京嘉德艺术中心这个项目和我的情感还有一点挂钩。今天的主题是以建筑与文博的名义纪念改革，北京嘉德艺术中心是 1995 年我从海南岛回来便开始接触的项目，到现在有 20 多年的历程了，应该说这 20 多年它见证了北京的发展，见证了改革的成果，我经常讲这个项目比我的孩子还大。

我今天汇报的主题是“探寻建筑与城市新的生存关系”。首先，我们要纪念三位老前辈，这三位老前辈给予了这个项目很大的支持，他们是宣祥鎏先生、罗哲文先生和王景慧先生。因为这个项目地理位置的特殊性——在北京二环以内皇城根旁边，北京市相关部门要求必须经过五位建筑专家和五位文博专家认可，它才能作为设计的话题。北京肯定离不开皇城。这个位置大家应该比较熟悉，皇城的旁边，非常精彩的南门，东西轴线，这也是北京的文化轴，这个项目是文化轴跟王府井商业轴交接处的一个节点，还有很多传奇故事。

老舍先生曾说，北平的好处不在于处处设备装得完整，而在于处处有空，空能使人自由地喘气；也不在于它有多么美好的建筑，而在于建筑周边有空闲的地方。现在北京已经成了钢筋混凝土森林了，不再像老舍先生描述的那么美妙了。大家也都知道，如果说哪个城市历史深厚并且本身拥有精神品质，能够对城市居住甚至项目设计施加无形而重大的影响，这就是北京。

我们在做这个项目之前，也做过一些思考。当时这个项目叫皇城艺术馆。我们应该以什么样的手法在特定的历史形态中做设计？可以说是这个街区的特色造就了这个建筑形态。同时，我们还要规避一些“新”跟“旧”的矛盾，并且在众多无法理清的矛盾中另辟蹊径。大家也知道，在皇城根下做设计是很难的，所以我们当时也在考虑整、碎、高、低，到底以什么体型塑造这个项目。最初也是考虑身份、立场，可能没有观点的状态。我们当时也想通过连续板的穿插、折叠，建立一种没有方向感、消失感的建筑来作为建筑的语言，找到它自己在特定位置的身份。后来，我们还是想从城市设计的角度出发，最终研究它跟环境的关系，跟文化的关系，在建筑与文化、形式与情感中对比。所以，我们认为这可能是一个新的殿堂，我们最终也想把情感交给嘉德，创造有内涵、有激情的展览空间，这是我们的主要追求。安藤忠雄曾说：“建筑并不是一个人的作品，而是整个社会环境的一部分，如果建筑作品是美术馆之类的，那它的主角并不是建筑师，也不是建筑作品，而是空间中将来要展出的展品和前来参观的民众。”

刚才说北京嘉德艺术中心是文化轴跟商业轴的交接点，它的周边有中国美术馆、华侨大厦、民航信息大厦等。1996 年提交申请，2011 年 3 月取得项目批复。当时项目性质是商业，翠花胡同都是保留的，西边都是保留的 9 米限高的老四合院建筑群。我们想用一种叠加方式，下部跟老北京胡同肌理相吻合，做一些叠加，上面越来越大，保证北京商业街面的感觉。整个西侧呈现削弱的感觉，跟西侧老北京胡同吻合。关于定位到底是用减，是用加，是用插入，还是用叠，我们也做了一些思考。我们以前思考过一个方案：肌理用四合院尺度叠加的方案。那时候也是满足展览、住宿、商业等功能的建筑。

这个项目得到了几位专家的认可，跟环境有比较好的结合，西侧有树，跟对面中国美术馆的颜色也做了一些协调处理。后来嘉德接盘这个项目，整个项目的内容与性质发生了一些变化，我们又按照一站式服务的理念做了一些重新的定位和思考，整个构思从肌理的叠加、空间的符合、与旁边建筑的关系等方向出发，让这个建筑在特定历史时间跟周边相吻合。

这是刚才说的《富春山居图》，把《富春山居图》作为外墙穿布，体现富春山的意向，实际效果与效果图配合度还是蛮高的。最后，我想感谢我们的团队——北京市建筑设计研究院，也感谢寇总对我们的大力支持，才有了这么一个精彩的作品。

单霁翔（中国文物学会会长、故宫博物院院长）：

今天来到北京嘉德艺术中心，我心情很复杂，因为来了这么多大师，这么多院士，我觉得非常钦佩，但是命运对我的安排是不断转换角色。有三件事让我难忘：第一，我在国家文物局审批的中国政府正式承认的第一批拍卖公司，就是我们的嘉德；第二，我批准了中国第一批民办博物馆，包括马未都的博物馆；第三，保住了潘家园。这在当时是“大逆不道”的事，“文物藏品直管专营，你凭什么叫民间经营文物”？艺术品拍卖，那不刺激中国文物流向海外吗？我们当时制定的一些规定，现在还在执行，艺术品拍卖进入《中华人民共和国文物保护法》，成为合法的文物流通渠道，并且大量地从这个渠道流回国内，嘉德就捐献给了我们国家从海外流回的文物。跨界是很艰苦的一件事。我在北京市规划委员会工作的时候，赵知敬主任是我的老领导。等我到了国家文物局一看，没有一个建筑师，没有一个规划师，清一色都是搞考古的。到欧洲去看，很多文物保护的专家、学者都是建筑师。

我一直鼓励应该跨界融合，关于跨界的好处，今天我想讲一个故事，换一种方式看问题。中央电视台的《国家宝藏》栏目找到我们。在我们的印象中，文博专业是不跟综艺打交道的，也有一些鉴宝的节目，我们一般也不参加。犹豫了半年，后来还是下决心参加。当我给他们一个名单说这些博物馆可以参加时候，这八家博物馆无一例外给我们打电话，说故宫真的参加吗？如果同意，我们也加入。因此，我们提出应该跨界融合。怎么跨界融合呢？通过综艺的方式，每一个博物馆选三件文物，每一件文物来讲两个故事，比如故宫选择《千里江山图》、各种釉彩大瓶、石鼓。从综艺的角度，要演一个历史的故事，我们认为它可以“戏说”，但是不能够“乱说”，可以演绎，但是要依据历史史实。其次，要有今生的故事，今生的故事就是这个文物在历史跨界过程中，谁在保护它？它是怎样走到今天的？它当年是怎么制作的？今天是怎么修复的？讲今天的故事。这样一个故事，通过综艺节目吸引了大量的流量。那么，为什么跨界呢？除了博物馆馆长以外，有 27 个明星参加，我们希望是德艺双馨的明星，很多人奔着明星看这个节目，但是他们很快就将注意力集中在文物上了。再有，把幕后的文物工作者挖掘出来，比如文物保管人员、文物修复人员，我们的志愿者、考古人员，一个一个团队走进了节目里，各方面的人士在节目里演绎自己的人生故事。

那么，博物馆长期以来说我们有多少件文物，我们有多少观众，这些真的重要吗？中国文物谁都比不了故宫的数量，比不了故宫的质量，但是人们进了故宫真是看文物吗？过去 80% 的人不看展览，很多人只是到此一游。这些数量对观众重要吗？一到展台前，就说这是珍贵文物，这是一级品，可观众一片茫然。珍贵在哪儿？一级品是什么标准？讲背后的故事，情况则会有所变化。我们现在有两个数字在发生巨变：第一，过去 80% 的游客不看展览，现在 80% 的游客看展览，而且滞留时间在不断延长，神武门展厅多则每天三万观众；第二，以前参观人员 30% 是年轻人，现在 70% 是年轻人。这两个变化是非常重要的。包括博物馆的宣传，仅靠博物馆自身的努力是绝对做不到的。所以，这样一个跨界，就把这些文物前世今生的故事讲出来了。节目演了九个博物馆，每演到一个博物馆，第二天它就火了。所以，我们要换一种方法看文物。

那么，怎样能够让收藏在皇宫里的文物，陈列在广博大地上的遗产，书写在古迹上的文字火起来，这方面跨界的空间太大了。张宇老师刚才谈到了，设计过程中就是考虑人们怎么在这个空间中展示文物，营销文物，进行学习交流。看见嘉德艺术中心的空间，我觉得将来会非常好用。相互的理解，相互的借鉴，相互的交流，我觉得在今天的时代太重要了。所以，金磊老师组织活动，有三个“长”：第一，“过门长”，因为很多都是跨界交流的；第二，“题目长”，这次论坛主题有 36 个字；第三，专家的名单长，没有这样的平台，有时候大家“老死不相往来”。中国建筑学会修龙理事长今天没有来，他在交流方面做了非常多的努力，非常大的贡献，给了我们很多很多的启发。

今天免不了简单说说我的心情、感受：我希望更多的交流能够碰撞出更多的创意和火花。

孟建民（中国工程院院士、全国工程勘察设计大师）：

每一次听到单院长的讲座，都是一次学习，所以非常愿意来参加这样的活动。

今年是改革开放 40 周年。40 年来，我们国家及城市在各个方面都有了长足的进步和发展，我是在改革开放最前沿的深圳从事的建筑设计行业，我亲身经历和感受到了 40 年来的巨大变化。建筑设计从当初的学习、模仿到追求原创，再到现在开始践行设计总承包，从为国外设计师画施工图到自主完成重大施工项目，应该说现在中国建筑师的进步、成长和取得的成就是大家有目共睹的，中国建筑师从技能、知识到理念、觉悟均有了极大的提升，深圳也从当初的小渔村一跃成为国内大城市，这些都受益于改革开放的伟大思想和实践。此次由中国建筑学会、中国文物学会作为指导单位，中国建筑学会建筑师分会、中国文物学会 20 世纪建筑遗产委员会主办的活动，关注城市建设，强调文物保护与发展，我认为选的这个主题贴切，而且意义重大。借改革开放 40 周年之际，回顾历史，总结经验，探索未来的发展，是为今后改革再出发做好规划准备。

中国建筑学会凝聚着中国建筑师的智慧，对中国建筑的创作和发展起着重要作用。投身改革的设计思考是每一位中国建筑学人的责任与使命。借鉴这次论坛，作为改革开放的前沿城市，我们也将在北京论坛之后结合深圳等沿海开放城市的经验，认真思考我们的实践。我认为中国

嘉宾参观新落成的北京嘉德艺术中心

建筑设计今天的成功是改革开放的功劳，更是我们这一代建筑师的荣幸。

邵韦平（全国工程勘察设计大师、中国建筑学会建筑师分会理事长）：

首先，祝贺今天的论坛顺利举办。因为中国建筑学会建筑师分会也是这次论坛的一个主办方，所以我作为分会理事长特别对论坛表示祝贺！

今天论坛的主题是纪念改革开放 40 周年，这是今年的一个重要事件，已经写进了党的十九大报告里，其中专门提到 2018 年是纪念改革开放 40 周年。我作为建筑师分会的一员，也很愿意参加今天的活动。记得十几年前我和团队受北京市建筑设计研究院和中国建筑学会的委托，在马国馨总建筑师的领导下，开始了建筑师分会的工作。应该说通过这十几年的努力，在各位理事长、副理事长以及各位理事的共同参与下，建筑师分会还是发挥了一定作用，为广大建筑师做了一些有益的工作。大概在最近的几次二级分会的年终总结中我们都被评为优秀的二级分会，取得这个成绩也来自于各位的支持。当然，我们的工作也在不断扩展，从开始便每年开展一定的学术交流，到现在开始配合大学会参加国际的建筑展，甚至搞一些国际论坛。比如去年我们在 UIA 韩国现场专门组织了中国论坛专场活动，对提升中国建筑师影响发挥了很好的作用。总的来说，通过建筑师分会的发展，也能够看到中国建筑师在这 40 年中的变化。

我本人，还有我所在的单位，都是 40 年变化的亲身经历者和见证者，也是受益者。通过参与大的社会发展，每个人都收获了很多，我们的专业能力，我们的成果也都在不断地提升。举个例子，从马国馨院士最开始主持首都机场航站楼项目至今，机场航站楼 40 年里得到质的飞跃。40 年之前，中国就没有一个像样的航站楼，基本都是很小型的政府行政色彩的接待楼，后来我们有了 1 号航站楼，之后有了 2 号航站楼、3 号航站楼，现在正在建第二机场新的重大航站楼。到今天为止，首都机场已经成为世界第二大机场，这从一个侧面展示了整个城市的进步。

在改革开放 40 年中，中国整个建筑行业也得到了很多的学习机会。在过去的二三十年里，中国为设计师提供了很好的舞台，有大量的世界一流的设计公司和建筑师在中国都有作品。正是由于他们出色的表现，使得我们中国的建筑师获得了很好的学习机会，因此也大大提升了我们的城市品质，包括我们建筑师的能力。

虽然经过了 40 年的发展，但是我们还应该看到差距，中国建筑师的路程还很长，今天来看，我们的城市也好，我们的建筑也好，仍然存在很多不尽如人意的地方。所以，我们仍然要打起精神，不断地学习新的知识、新的理论，来提高我们自己的工作能力。我们期待着中国有一个更好的未来，我们的建筑师也有更多的作品能够贡献给我们的城市。

张爱林（北京建筑大学校长）：

我是研究钢结构的教授，自从参加北京奥运会场馆建设以后，我和建筑有了更深的缘分。二十多年前，没举办奥运会的时候，马国馨院士就指导过我们。我们非常荣幸，单霁翔院长也对北京建工学院（现称北京建筑大学）给予了极大的关照和支持。我们建筑学学科突出的特色就是建筑遗产保护，所以单院长任国家文物局局长的时候，就支持我们学校建立了建筑遗产保护理论与技术国家特殊需求博士项目，到现在我们已经招了 20 多个博士。我们搞建筑的人去研究遗产，过去特别重视可移动的文物，那就是瓷器、书画，包括青铜器，现在建筑作为遗产也愈发受到重视，但是总的来说重视还不够。所以，我们把建筑和文博上升到文化层面，我特别同意。

除了博士教育以外，我们学校还开展了国家文物局系统包括各个省市的建筑遗产保护理论和技术培训工作，至今参加培训一千多人。三任国家文物局局长都到北京建筑大学指导过。北京建筑大学今年博士学位授权，已经得到国务院学术委员会的批示通过了。我们学校可以从本科、硕士到博士后流动站全程培养建筑遗产保护方面的人才。

我和在座的很多人是同龄人，都是 1978 年以后改革开放的受益者。1978 年 3 月召开了全国科技大会，我当时在大兴安岭。那一天还在下小雪，我们穷得连收音机都没有，就站在大街上听郭沫若《科学的春天》，文中崇尚科学的态度犹如春风，吹散了知识分子心中阴霾，就是那个精神鼓励我们要考大学。后来我们坚定地要读硕士，读博士，科教兴国。我非常幸运，我在高等院校工作了 30 多年。北京建筑大学为国家的现代化建设培养了人才，我们本身也成长为人才，我非常自豪。1998 年在人民大会堂召开的纪念十一届三中全会 20 周年大会上，我非常荣幸，也非常激动，作为专家被邀请参加大会。改革开放是我们国家未来复兴的关键部署。所以，2018 年具有重要的意义，纪念本身是形式，我们的心中要永远记住中国的改革开放是我们实现富强之路的重大举措，我们要把这个精神传下去，更要传给我们的学生。

赵知敬（原北京市规划委员会主任）：

我是 1955 年毕业且同年参加工作的，是中等技术学校的学员。我想说两点。第一点是北京市总体规划， 2017 年中共中央国务院再一次批准了北京修编的总体规划，这是在习总书记亲临指导下修编的。北京市有两次由中共中央国务院批准总体规划修编，一次是 2017 年，一次是 1982 年。1982 年版北京市总体规划是在十一届三中全会之后，在中央对北京工作的四项指示基础上所作，而且我们当时有一个 13 年总结，纠正了过去北京市大搞工业的分散规划。另外，城市建设生产、生活不配套，造成城市规模扩大的问题在当时也引起人们的注意。“文化大革命”以后，就是在 1971 年、1972 年、1973 年规划局重新恢复的时候，我们急忙做了一个规划，但是这版规划到市委以后，市委没有研究，就搁浅了。最后，还是在 1982 年十一届三中全会以后修编的，所以这个规划反映了 13 年的总结内容，应该说是“拨乱反正”的规划。中央为了使北京市总体规划能够得到落实，特别提出了成立首都规划委员会，由中央单位组织起来，希望中央单位支持北京的城市建设。1982 年的规划是非常了不起的一件事，使北京城市建设逐步走向正轨。

我觉得北京的规划，1953 年算第一版总体规划， 1957 年第二版总体规划请来了前苏联专家， 1973 年的规划算第三版，虽说没经过批准，也没经过上报， 1982 年规划也有 1973 年规划的内容，而且 1973 年正式向国务院提出北京要统一建设，基础设施要平衡，还提出“骨头和肉”的问题。国务院 1975 年正式批复了一个报告，这个报告同意北京市搞统一建设，支持北京市解决“骨头和肉”的问题，每年给北京市一亿两千万资金，而且同意北京市增加一万人的建设队伍。所以，国务院对北京市的批复非常重要。这就是北京市 1973 年的总体规划，我们叫做第三版总体规划。1982 年是第四版总体规划，经过了近十年。当时总说北京市什么时候人口能够超一千万，到 20 世纪 90 年代改革开放，就已经 1030 万了。按照建设部的说法，十年修编一次总体规划。这次总体规划是在十四大提出计划经济走向市场经济的过程中修编的，北京这次修改的总体规划体现了这点，而且这版规划请了全国专家进行评审，国务院批复这个报告时，说它是符合改革开放精神的，是符合北京实际情况的，而且有深度、有广度。这次发动了全社会来做规划，每一个部门，比如林业部门、农业部门、工业部门、商业部门都做规划，有 70 个调查研究报告汇总到规划院，这个规划确有深度。第一次申办奥运会没有成功，社会有点低沉了，北京市委决定在北京展览馆搞一次规划展览，于是政府各部门都有规划了。这次展览非常受社会欢迎，对大家是一次很大的鼓舞，总体规划在社会的影响是非常大的。2004 年版总体规划，我没有继续参加。但是这次总体规划也是研究很深的，找到了很多问题，比如 20 世纪 90 年代到 2000 年前后，城市发生巨大变化，人口剧烈增加，怎么控制？没有办法。但是在城市建设过程中，比如地铁 2000 年以来建设规模非常大，解决了城市交通问题。2005 年算第六版总体规划。第七版规划是 2017 年的规划，提出“首都非首都功能”的办法，要建两个中心，一个雄安，一个通州。在习总书记指导下，要求北京市的一些建设要成为全国城市建设的模范，要求非常高，现在正加紧做详细规划。我认为北京的总体规划是一个在过程中不断与时俱进、非常成功的规划，而且是非常成熟的规划。这个规划指导了北京的城市建设。

城市建设方面，1973 年国务院批准了北京的统一建设要求，开始了住宅的统一建设。中央投资，我们来建设，然后分配房子。20 世纪 80 年代以后，北京市成立了一个开发公司，领导各个区进行房地产开发，在这个过程中，在建设部指导下，搞了一些试点，住宅和住宅小区建设开展得挺好。

十四大以后，计划经济变成市场经济，成立了很多各种等级的设计单位，而且住宅标准也开放了，这时候碰到很多新的问题。1994 年，我们规划委员会根据市领导的要求，搞了规划展览和规划设计方案展览，通过这种形式互相交流。1994 年第一次搞了以后，是很成功的。在 1993 年总体规划批复里就要求北京市要建成一个什么样的城市，口号就叫“民族形式，地方特色，时代精神”，我们规委不断地推动这个，设计单位在努力地创新。

20 世纪 90 年代末，评选 20 世纪 90 年代十大建筑，是我们规划学会组织评审的，我认为这次评审的十大建筑是很成功的，有的建筑比较大，有的建筑比较小，比较实用，和环境结合得比较好。规划展览第 10 年的时候，我们做了一次 10 年回顾展。这次回顾展里，我们很多建筑师互相交流，听取了各方面意见。我昨天又看了总结，写的很长，我说这个总结不次于《北京宣言》总结，是非常成功的，体现了改革开放时期建筑师如何对待当前的形势，看到自己的能力和经验。

规划展览 20 年的时候，我们又做 20 年回顾展，不完全是建筑，包括城市规划、市政建设、城市雕塑，写了总结，还出了书。

我就说这么两点，一个说北京规划，一个说北京市城市规划协会在建筑设计方面怎么不断地完善，不断地发展，不断地创新。我觉得这 20 年成绩是很明显的，而且不断地提出建筑的指导思想，奥运会叫科技奥运、绿色奥运、人文奥运，奥运会之后，北京市委提出人文北京、科技北京、绿色北京。我们规划学会根据领导的指示，延续传统、绿色节能、平安设计，并不断总结。1952 年建设部提出实用、美观的原则，应该说 60 多年之后，其实我们所提出的很多指导思想和原则也是与时俱进的，但都没有离开实用、美观这个原则。整个国家建设的指导思想也是健康的、发展的、与时俱进的、成功的。我觉得大有文章可做。

顾孟潮（著名建筑评论家）：

感谢主办单位在我们踏进新时代门槛的时候来总结我们城乡规划建设的 40 年，这是非常及时的、有力的举措，而且请到这么多专家、院士和关心北京城市建设的人，肯定会总结很多宝贵的东西。

在 1978 年改革开放以前，北京市委对北京城市规划建设怎么评价呢？气概非凡、诸多不便。40 年来，有了很大的改进。这里我只说以下几个方面。

第一，2018 年 3 月 13 日对于规划建设界是一个历史性的日子，从这一天起，我们的城乡规划建设归自然资源部主管。所以，对这个问题，我们必须要思考，我的思考是城乡规划离开建设部之后去向何方？关键不在于谁领导，而是怎么样领导？怎么样管理？所以，关键要思考我们城乡规划建设要按照什么样的科学发展观来领导、管理和实施，这是我的第一句话。这个历史性日子提醒我们必须认真思考、研究，然后献计献策，使我们按照城乡建设的科学发展观来办事。

第二，城乡规划离开建设部去向何方？要认真研究和思考这个问题。我认为关键问题就是我们所有人是否遵循保存、保护、建设、发展这样一个科学发展观链条。40 年来，我们对于保存、保护是逐渐认识，逐渐加强的，到现在生态破坏了，人文结构破坏了，文化遗产损失了很多。所以，保存、保护、发展建设链是值得我们认真思考如何去贯彻的，我认为这是科学发展观的三个关键词。

第三，因为我是建设部成员，必须进行自我批评，为什么会离开建设部？因为我们执行得不太好，所以城乡规划离开了建设部。我们应当及时地总结经验教训，端正我们科学发展观的道路和思路，这样才能使自然资源部领导的城乡规划执行科学发展观。交给自然资源部以后，可能会因祸得福，但不会一交给就因祸得福，要想得福，需要我们大家合力帮助它走上科学发展观的道路。

城乡规划与建设不是一个从零开始的事业，也不是一个画一个圈就可以开始的事业，是一个“接着说”的事业，我们要接着生态、环境基础说，接着建设自然资源说，接着建成遗产的保护说，保护哪些、改造哪些、削掉哪些，不是一穷二白的起家。北京有悠久的历史，有珍贵的文化遗产，我们保存了吗？爱护了吗？

最后提一个建议。2019 年是新中国成立 70 周年，我们今天总结改革开放 40 周年，20 世纪建筑遗产已经公布了第一批，我觉得新中国成立 70 周年的时候可以进一步评价 20 世纪中国的经典建筑，评选要突出见物见人。伟大的建筑有一个伟大的建筑师才能出现，所以我们要见物见人，既介绍建筑，又介绍人，我们鼓励更多的伟大建筑师、年轻建筑师站起来。

布正伟（中房建筑设计有限公司资深总建筑师）：

1978 年的改革开放，开启了中国巨轮的新航向，这 40 年来，这艘巨轮穿过了急流险滩，战胜了惊涛骇浪，正向着中华民族伟大复兴的目标奋勇前进。

就我个人来讲，史无前例的改革开放，也为我后 40 年建筑师生涯注入了持续进取的持久动力，让我做了自己特别想做的两件大事。我研究生毕业的时候，导师的谆谆教导刻骨铭心，他教育我要做能动手又能动脑的建筑师。因此，我就有了做一个一手不离创作，一手不离研究的职业建筑师这样一个梦想。但是，等我真正成为职业建筑师，踏实下来做设计的时候，已经是打倒“四人帮”以后的 1977 年。我从下放的湖北化学厂调到中南建筑设计院，这时候我已经 38 岁了，我正常的职业建筑师生命应该从 26 岁开始，中间耽误了十几年，你说怎么能做到这两条呢？没有改革开放，那就是空话。第一，要做建筑，要有建筑创作实践，怎么实践？往哪个方向实践？你搞不清楚。第二，怎么研究理论？研究什么理论？你也搞不清楚。这都是从改革开放创造的大环境里，从建筑前辈，从国外建筑巨大的信息流，从我们国内繁荣建筑创作新形势一步一步摸索来的。想想我们过去，讲一句话都要考虑半天。我这个人就是大大咧咧，说话很不注意，有感而发，常常说错。我在中南建筑设计院时一直闷头做自己的工作，要补上十多年耽误下来的做设计的知识和技能。我一干就是三年。但是，这时候改革开放提出来了，要解放思想，解放设计思想，这时候院领导尤其是院长特别叮嘱我，说："你大胆讲，有什么说什么。"后来实在憋不住了，我说："现在大家都是互相抄。"我认为我们必须要有一个打破既有模式的动力。

1985 年在戴念慈先生主持的北京座谈会上我提出了"现在到了建筑个性大解放的时候"，从这开始自己才敢说话。正是这样一种机遇，再加上改革开放，让我走出国门，走上国内外最高学术讲堂，同时也让我有了自己创作的、自己主持的建筑创作大舞台。特别是到了民航设计院和中房集团事务所以后，我的创作机会是非常多的，我感觉自己的创作是有一个系统的理论指导的。但是，理论研究这条路也是从改革开放得到的启示，刚开始为了做一个眼高一筹、技高一筹的建筑师，全面地充电，从结构到室内外环境设计，到城市设计全部都是自学，找出了它们内在的一些基本要点。在这个时候，仅仅停留在技术层面的理论上不行，后来走出了这样一种局限性，走进了美学和哲学的领域来研究建筑理论，也就是我的老师说的用能够管住一般理论的理论，这就是"自在生成论"。从 1999 年出版用了十年时间写成的《自在生成论》一书以后，马国馨院士给我的评价是"十年磨一剑"，实际上后续一直在调整、检验、纠正一些片面的地方，补充一些更加完整的以及从试验中得到印证的地方，足足用了 30 多年的时间，到 2017 年这本新书完成的时候才算结束。没有改革开放，这两条路根本不可能走出来。邹德侬教授在一本书里写的前言，题目叫做《立建筑也立言》，平常我都不敢说，我自己完成了这个心愿，这就是改革开放给我带来的，改变了职业建筑师的命运。所以，我永远不会忘记改革开放，感恩改革开放。

路红（天津市历史风貌建筑保护专家咨询委员会主任，天津大学建筑学院教授、博导）：

今年是改革开放 40 年，我作为改革开放最大受益者之一， 1978 年进入天津大学学建筑专业，之后才涉足这个行业，今年正好 40 年。从学生到建筑师，再从建筑师到建筑管理者，应该说进行了跨界。在这个过程中，亲历了波澜壮阔的改革开放。我就想说两方面。

第一，为建筑师这个职业自豪。刚才老一辈的建筑师说了，虽然有"文革"前的压抑，但是最后迸发了热情。我记得我刚做建筑设计的时候，布先生当时做的重庆机场、马国馨院士做的奥林匹克体育馆，都给我们带来了思想上、视觉上很大的冲击。今天看到张宇大师做的嘉德艺术中心，我想这些都代表建筑师在祖国整个建设过程中起了不可替代的作用。我作为一名建筑师，为建筑师这个职业自豪，为我们每一个建筑师点赞。

第二，在反思中继续前行。今年是改革开放 40 年，我们也要作为建筑师反思，这个职业或者这个行业还有哪些不足和缺失，我们怎样整装再前进。我觉得一个方面是要在文化传承上下功夫，我们要有一种历史的情怀。刚才顾孟潮老师说的保护、保存，还有刚才赵知敬老师说的从 20 世纪 50 年代到现在，我们要以一种什么样的脉络去传承。作为建筑师，都应该有这种责任，把祖国文化、地域文化通过我们的作品传承下去。我一直是以做住宅设计为主的。刚才赵老师说到我们设计的小区，天津现在正做老旧小区的改造。我 20 多年前设计的一个得奖小区现在很破烂，实际上不是建筑设计上的错误，它反映的是建筑设计跟建筑管理包括建筑施工很多行业之间需要融合，也就是刚才单院长说的，实际上是跨界，怎么通过跨界来关注民生。我有一个数据，1978 年人均住宅面积只有 3.5 平方米，2020 年目标是人均 32 平方米，实际上天津市已经达到 36 平方米。我们国家每年设计住宅数量为 2 亿平方米，这么庞大的面积量，都是老百姓居住的，我们要关注民生。

最后，我还想说一句话，知名作家冯骥才先生有句话鼓励他自己——“关注天地人，热爱真善美”。我想每一个建筑师在 40 年改革开放之后再出发，一定要记住这句话。

周恺（全国工程勘察设计大师、天津华汇工程建筑设计有限公司董事长）：

改革开放 40 年， 40 年前的 1978 年我恰好赶上了第一次重点高中考试，能考上重点高中，才能考上重点大学，这对我来说是特别重大的一个机遇。我大学毕业的时候已经是 1988 年，直到研究生毕业的那段时间里，我开始跟老师们到深圳、珠海、广州，看到了改革开放初期的状态，受到的刺激很大，很希望自己毕业以后可以去做设计，做那里的建筑师。但是，彭一刚先生特别希望我能留校，我就留下来了，留下来教了两年不到的书，然后就又离开了，到国外进修。再回来，国内状态变化很多，后来因为一些机缘，我们在 1995 年成立了一个民营的建筑事务所，当时也是合资。那时候有华森、华艺，我们叫华汇。从几人的小团队一点点做起来。应该说如果没有这些机遇，我们是不太可能做成的。

1995年成立公司以后，一些事是特别让我感慨的。刚开始我们是怯生生的，应该说跟国营大院比起来我们是无人问津的、很小的设计单位。那时我们自己研究怎么做模型，每次做完设计还要把模型免费送给人家，慢慢地赢得了一些市场口碑。到了1998年，我们已经在建设部一些评审中得了奖，天津市建委说"你必须得获得什么什么奖，否则你们的甲级资质要降为乙级"，这对我们是一个鞭策，也是一个压力。记得当时报奖项目的照片都是自己拍的，效果还不错，第一次报奖就在部里得了三等奖，能充分感受到改革开放之后没有人会排斥民营事务所了，我们建筑学会也是做得特别好。

到了1999年，一件事让我记忆犹新。《世界建筑》的陈延庆先生当时到天津去，通过聂兰生老师到我的小工作室去看，那时候只有几十个人。看完之后，他希望我们能在《世界建筑》上发表一些东西。那时候《世界建筑》好像刚开始筹备登一些国内作品，原来都是报道国外的作品。我当时都觉得不可能，结果还真的登出来了。那个时候我们觉得信心更强了。一路走来，其实都有老师们、前辈们的帮助，我没有感觉到被排挤，很感谢这些经历。当然，到了2008年更有幸，我被天津建委推着在最后一个礼拜去申报了"全国工程勘察设计大师"，当时我其实抱着将信将疑的态度，没想到2008年还真评上了，这是对我最大的鼓舞。

改革开放确实是逐渐放开的过程，让我们民营事务所也有一样的天地去施展拳脚。在这期间，我得到了非常多的老师、同行、老前辈的支持和帮助，我向他们请教过很多东西，他们都给了我无私的帮助。我记得当时在清华大学见到我特别崇拜的关肇邺先生，上学时候看他做的图书馆就觉得特别好。我一开始没敢上前说话，磨蹭了半天走过去，没想到关先生跟我说"我知道你，做得挺好的"，还鼓励我一番，我觉得特别荣幸。临走时他还说"咱们拥抱一下吧"，那个拥抱对我是特别大的鼓舞。

十年以后，有一次在北京评标的时候关先生也来了，又聊起这个事，临走的时候说再见，关先生说："咱是不是还缺点什么？"我想还没拥抱。现在想想，这些小事，实际上在一个建筑师的成长过程中，一个学生的成长过程中，我觉得是非常难得的。时间关系，不能一一列举，其实马国馨马总每次见到我都会给我一些鼓励，用开玩笑等各种办法鼓励我们年轻人，我都很感激。

张琪（中国建筑设计研究院有限公司总建筑师）：

我是 1987 年从清华大学毕业的，改革开放 40 年，应该说我也沐浴了 30 年改革春风，在中国建设大发展中，我们参与了很多第一线建筑设计的实践活动，也是受益匪浅。

1988 年、1989 年，我那时候在学校老师的指导下做了第一个建筑，是广西一个村寨的改建，对我还是比较有教育意义的。项目是用混凝土自制砖，还有混凝土小板，对木楼按照形式、样式进行探索，将其盖成安全的和自然相处的建筑，给我们很大启发。实际上它启发我们的是怎么样用当地的自然条件做建筑设计，另外要重视当代的生活。

到 1998 年，那时候我正好有机会参加北京大学一百周年纪念讲堂的设计。随后这 20 多年，我们持续在北大做了很多项目设计，做了人文大楼的设计，在临近校园边界做了中观园留学生公寓设计等，包括现在正在做的南门改造设计。这一系列设计能给很多快速发展的大学以启示，即如何在校园规划设计中做好教育建筑实践。北大是比较特殊的，旧有的老校园没有空间扩展的可能，校园建设的有机更新对建筑师有一个环境限制，同时也是建筑创作的契机。

到 2008 年左右，我们做了很多比较大型的建筑，像青海大剧院、江西大剧院、锡林浩特能源博物馆等建筑都是在核心地段，在这些地段核心位置做一个率先盖起来的建筑。再过十多年之后，当重新看这些新区的时候，我们看到住宅、形色各异的办公楼都起来的时候，我才觉得那个时候我们建筑师潜心地对环境、对文化的一种探索，对建筑的体量和尺度的推敲，实际上给这个城市建设带来了非常有意义的价值。所以我觉得这也是一个体会，一个文化建筑在城市中的重要作用。

2018 年，每个建筑师实际上都积累了很多建筑实践，所以我就反过来想，刚才很多建筑师说我们静下心来，可以总结我们做建筑的真正意义，最近我也在探索这个事。我对建筑情境做了梳理，所以写了《此景、此情、此境》一书，也想结合个人实践对建筑做一些探索。我在书里有这么一段话："建筑除了表现其专业技术进步之外，其所蕴含的文化、社会等多层面意义将随着时间的推移而留给未来，在不断发展和比较的历史语境下，一定会留下一些精妙的、人文的、充满情感达到境界的建筑作品，它连带着彼时的文化，连带着使用者、观赏者和设计者的需求，感受审美习惯、方法和思想意识，重新回到和谐的现实环境中，重新回到拥有无限想象力和创造力的处境之中。"

年轻建筑师成长无一不受到老的建筑师的帮助，包括各种学术活动的促进。所以，在这里，作为一个建筑师，对所有业主包括社会环境，包括所有对我们给予支持和帮助的同行们表示深深的感谢！

崔彤（全国工程勘察设计大师，中科院建筑设计研究院副院长、总建筑师）：

改革开放40年来，我们从一个十几岁孩子，变成一个年过半百的中年。像张宇大师的嘉德艺术中心， 20年全干这个事，所以感觉他要认半个儿子的感觉。我们也有这样的体会。改革开放应该有四个段落：第一个段落叫珠三角，就是孟院士说的他的前沿阵地；第二个段落，风水往北走，叫长三角；第三个段落，再往北走就是京津冀；第四个段落，再往北走，亚非拉人民，“一带一路”过来了。

我们都是在大师作品指导下成长起来的，当时我们在清华大学读书的时候，顾孟潮老师还给我签过字，各位老师都是我们一直学习和膜拜的榜样。

我原来是画图的学生，慢慢地身份也变了，成了教师、建筑师。我们这些人都穿梭在研究、教学、实践当中，慢慢有了对建筑设计的责任感，像刚才几位老师说的，研究式的设计、设计式的研究，让我们的视野越拉越远，更加开阔，以前是跟随人家走，现在我们是跟跑，希望有朝一日我们能够超越老外，跑到老外前面去。

孙兆杰（中国兵器工业集团北方工程设计研究院总经理、首席总建筑师）：

我是1979年上的大学，毕业后到中国兵器北方设计院工作，一晃40年，跟改革开放关系特别密切。这40年里我作为搞设计的建筑师，就干了两件事，一是做了很多学校，二是做了兵器产业园。从兵器产业园角度上来讲，在改革开放的时候，和设计院老同志到山里，住在厂里搞设计。那时候的设计主导思想就是怎么样把厂房设计得满足工业生产要求。1985年以后，随着改革开放开始，很多山里的工厂搬到了城里，那时候叫进城出山。设计干什么呢？把工厂从山里搬到城里。我们在城里设计，这时候设计思想变化了，在“三线”工作的人到城里来，那时候的设计从相对注重工厂生产，开始注重生活方式，做厂房的时候又有一些变化。到2000年左右的时候，就退城入园了。城市飞升，兵器工厂占地很多，有的占上万亩（1 亩≈ 666.67 平方米）、几千亩，城市领导一看这个地方值钱，就把好多工厂搬到郊区。这个时候又给我们一个设计机会，我们的设计在整体上的指导思想又有变化了，对于以人为本的问题，我们设计的厂房、产业园区不能简单满足于产品生产，还要在满足生产条件的同时强调工作人员、科技人员在里面的生活舒适性以及如何能够让他们有更好的状态把工作做好。

我的一个同事，从工厂到我们设计院工作，他说："我们搞设计，什么叫工业设计和民用设计呢？我理解，满足于人的使用叫民用设计，满足于产品和物的叫工业设计。"我认为他说的不全面，我说："在过去一段时间，可能在"三线"的时候主要是以生产为主，怎么样把产品做出来，对于人考虑得很少很少。到现在，即便我们生产产品，我们依然把人放在第一位。改革开放 40 年当中，我们的设计思想有巨大变化，现在再设计园区的时候以人为本，要考虑怎么把人的事情解决好，而产品和生产线不是最重要的。"这是改革开放过程中我搞设计的一个体会。

罗隽（中国建筑技术集团有限公司总建筑师）：

今年是中国改革开放 40 年，而其中有近 30 年的房地产城镇化运动，我总结的词叫"房地产城镇化"。如何利用历史沉淀的现有的空间格局和建筑资源区塑造一个城市的文化名片、文化身份和一个城市的个性，避免造成城市千篇一律的现象和乱象丛生的局面，这是我们建筑师应该关注的一个主题。

所以，我最近正在利用一个深度考察的案例做研究，也就是对柏林博物馆建设的研究，从博物馆建设研究柏林如何利用它塑造城市的文化身份以及博物馆建筑本身的保护、利用和开发。我相信会对我们国家现有的城市建设起到很好的借鉴作用。大家知道，现在从中央政府到我们普通民众都意识到了一个城市的历史文化才是一个城市的灵魂和精神所在。历史文化的载体主要就是历史文化遗产，而文博建筑又是一个城市最重要的文化建筑。所以，从这个角度出发，我们的主题包括我现在研究的课题，我相信一定会对我们有非常好的借鉴作用。

费麟（中元国际工程公司资深总建筑师）：

我是"80 后"了，在座很多人还是中年和青年。1978 年我在一机部一院，组织让我到法国考察工厂设计，我才知道原来国外工厂设计是那样的，很现代。法国讲人类工程学，工厂设计要讲究人类工程学，考虑人的舒适、人跟环境的关系、人跟机器的关系，不是简单的人机工程，我收获很大。1981 年，院里又派我到德国学习工程咨询，从那时候我开始知道有“菲迪克条款”。

我这里说三个方面，一是城市建设，二是建筑，三是文博。根据十九大的精神，我们现在要走出国门，以上三个部分我们都有优秀的历史，可以走出国门。我没想到我们的博物馆现在走出国门了，好多东西都出去了。建筑和规划，过去是援外，走出国门，现在是市场经济，应按照国际规则。世界贸易组织给我印象很深的是“服务协议”，里面特别提到建筑师，跨境服务必须遵守两个条件：一个是对方的国家必须出建筑师，因为国外建筑师可能不知道当地的国情；另一个是必须遵守当地的强制性规范，不是条文，是强制性规范，卫生规范、抗震规范、防御规范等。所以，一走出国门，就发觉很多国际规则早就放在那里。十九大以后，的确给我们指了一条路，走出去。然后就是国务院 19 号文件，我认为出得非常及时，里面为我们建筑师、建筑界提出三大问题：一是全过程工程咨询，二是建筑师负责制，三是总承包。这三个问题不是新问题，不是创新，但是我觉得有点“拨乱反正”，我们过去的理解比较窄。我跟黄星元大师都是注册建筑师考试出题专家组的，我们正在琢磨这三大问题考试出题怎么出，现在还没有统一标准，这三大问题非常重要。过去援外，资金我出，技术我出，规范根据我定，我也可以包工包料，我们可以全包。随着“一带一路”的提出，现在不行了，资金哪来？世界银行、亚洲银行？我们搞了亚投行，这些银行讲规矩，我可以给你出钱贷款，但是谁来设计？谁来施工？谁来管理？按“菲迪克条款”执行。

我一直认为建筑师在前 30 年阶级奋斗时期，没有发言权，像我这类人算清华的“可教育好的子弟”。所以，前 30 年，建筑师根本甭想当领导，那时候搞设计革命，很明显，到工地上设计，要以工人为主。所以，那个时候的条件会压制建筑师创作。改革开放初期，建筑师也不行，因为改革开放以后突然让建筑师当头儿，30 年了没有出过国，什么都不知道，怎么当呢？开发商，任志强、王石这批人厉害了，他们出过国，看得多，见识广。所以，任志强在报纸上公开发表《中国的建筑师该醒醒了》。什么意思呢？你老在一个五六十平方米的住宅里，就一个厕所，现在我让你设计带有 5 个厕所的豪宅，你怎么设计？设计不了，所以我请外国人。我一听，对呀，是这样子的。第二条，任志强说，“你老说我们开发商违规，首先是建筑师违规”，为什么呢？“我违规，我不懂，你是内行，你干吗违规呀？无非是为了设计费你妥协了，图上你盖了章，签了字”，我很感慨。前 30 年中国建筑师不可能真正负责，后 40 年里，建筑师还是受这个影响。一提到搞工程，前 30 年，每个项目都由基建处全包；后 30 年，开发商设立了前期处、设计处、管理处，还有建筑师什么事？万达是很典型的例子，最近他们还把我们院一个好苗子挖走了，到甲方那里负责规划设计，还出商业中心的设计导则，现在开发商绝对是强势。

所以，中央及时提出来的问题，建筑师要好好思考，总结经验。我体会咱们国家三个台阶：前 30 年学前苏联，实际也是打了基础；这 40 年是第二个时代；第三个时代就是新时代，新时代中国式的社会主义怎么走，就靠在座各位建筑师的努力了。

季元振（清华大学建筑学院教授）：

大家刚才都讲了这 40 年是怎么过来的，我觉得没有改革开放，像我这样的人可能都成不了建筑师，为什么这么说呢？因为我毕业分配到了中建一局搞施工，搞了十几年的施工，到改革开放的时候，我已经 30 多岁了，那时候基本上没做什么建筑设计，只设计过工地里的房子，我们自己画图，还自己施工。到了改革开放前期，1976 年唐山地震之后，我们一局接到一个任务，要研究抗震的结构，那时候我结构研究得还不错，做出一点成绩来，我可以做一个结构工程师了，但做结构我并不满足，还想回建筑设计专业，就到设计院去做建筑设计。

从那个时候到现在又 40 多年过去了，所以说改革开放给了我们建筑业很多人新生，刚刚布正伟先生也讲了，他 38 岁开始做建筑设计，我也是 30 多岁才开始做建筑设计。这 40 年来，我们的城市发生了很大变化，这 40 年的城市建设，是我们年轻时候想象不到的。我们过去学建筑，只是在学校里从书本上学建筑，我们看不到任何国外的资料。这 40 年就拼命地补课，补的第一课就是旅游，到国外去看国外的建筑，恶补国外古代的建筑、现代的建筑，然后看许多建筑理论的书。现在年轻人做的工作都比我们要好得多了，现在不仅是思想开放了，建筑技术也进步了，没有建筑技术的进步，像今天会场这样的楼是盖不起来的，那么，这说明什么问题呢？说明改革开放取得了重大的成绩。

但是，目前我觉得问题还很多，我们刚刚打开国门，和国际上的差距还很大，这个差距不是一句话、两句话的问题，可能从文化上、从思想上都有很大的距离，需要大家共同努力。

刚刚讲到我写两本书，这两本书是出于我自己对建筑思考的苦恼。我为什么要写《建筑是什么》呢？是因为苦恼。今天这个苦恼仍然存在，因为我们现在建的房子，城市的建设，从表面上来看和欧洲城市没有什么差别，实际上和中国人的生活有很大的距离。现在所谓城市化的问题，我觉得城市化不是盖了那么多房子，而是人的生活的城市化，也就是说我们怎么解决农民进城的问题，怎么满足城市里各阶层人的幸福感和获得感。在这方面，我们建筑师应该怎么工作？现在也很困难，因为现在在体制上、文化传统上恐怕都还有很多问题需要我们反思。

黄星元（全国工程勘察设计大师、中国电子工程设计院顾问总建筑师）：

我觉得改革开放 40 年对我们建筑师的影响尤其大。我是 1963 年大学毕业，实际上 1978 年的时候，我已经 40 岁了。1963 年毕业以后，我也做了很多事，每个人的经历不太一样，刚才几位同龄人讲了好多以前的事。我觉得我毕业以后一直很忙，因为当时要搞“三线”建设，我有好几年大部分时间在外边，建了很多山沟里的厂房。但是，改革开放有什么变化？改革开放之前的状态，就是要搞些具体的工程。改革开放了，最大的变化就是我们原来缺少的东西逐步有了，特别是国际交流，这让我们看到很多外面的世界。

1978 年是我第一次出国的时间，这应该算比较早的。我一下子打开了眼界。我当时是到日本，关注的范围很广，建筑的色彩、建筑的一些构想、建筑材料。有一个例子给我印象非常深。我们设计一个大面积的密闭厂房，以前所有的做法都是湿作业，内部隔墙是砖砌的，水泥砂浆，后来从日本引进了建筑材料，那个材料就是轻质隔墙石膏板。虽然现在看来很普遍，但当时是全套引进的。改革开放带来了什么呢？新的设计理念、新的设计方法、新技术、新材料，这四个方面对建筑师的影响很大。所以促使我们建筑师在 40 年中做了很多项目，而且涌现好多新的想法。

当然，建筑师还有不同。我所在设计院是工业建筑背景的设计院，但是改革开放之后，又打破了界限，工业、民用我们都在做，我们作为建筑师，又承担了更广泛的一些项目。所以，想到自己获得的一些成绩，比如说“全国工程勘察设计大师”称号，“梁思成奖”，我都有种受宠若惊的感觉，要是没有改革开放，走到今天还是很困难的。所以，改革开放实际上给我们建筑师的发展打开了一个非常广阔的前程，我个人体会最深的就在这方面。

我真是羡慕下一代，年富力强，我们可以看到每个人都做了很多项目，都是非常成功的，而且技法越来越成熟，还有自己的理论体系。我非常支持你们获得更大的成功。现在的条件还是不错的，在我们那个年代，我们写一个总结都不能署自己名字，更不要说出一本书了。现在我也出书了，能够将自己的观念、理念出书，还能将其作为一个课题研究，在经费等方面得到大家的支持，情况变化挺大。

金卫钧（北京市建筑设计研究院有限公司第一设计院院长）：

我是 20 世纪 60 年代出生的，跟周恺大师是同学。感觉我们这代确实比在座的老先生那一代更幸运一些，在我们正年富力强的时候就走到了工作岗位。布先生刚才说 38 岁才开始真正的创作，实际上我 24 岁研究生毕业时就被推到了前沿。我刚到北京院，就开始建筑实践工作，应当说是非常幸运的。

从我本人来讲，其实有三个幸运。第一个幸运是到天津大学建筑系求学，其实我报的第一专业是计算机，但因为高考成绩没过线，所以到了建筑系。第二个幸运是进了北京市建筑设计研究院，这个平台太好了，在这个平台上按部就班地成长都能成才。第三个幸运是我们处在改革开放年代，就我本人来讲，不管是带领团队，还是参与很多项目，都得益于改革开放。毕业以后我就去了海南岛，在那边还跟周恺交叉过一两年。我在那儿待了八年，设计了很多酒店和其他的建筑，也见证了中国改革开放前沿的一些政策。我回来以后，有了在全国得奖的机会，又去法国交流，打开了眼界，有了更多参与项目的机会，尤其近十年、二十年中国的开放，让我们北京院参与了很多项目，包括建 APEC 会议、G20 会议、金砖五国会议各自的会场，包括现在正在做的福州的数字中国以及很多援外项目。

同时，从我们院的角度出发，也要感谢遇到的业主。建筑师能发展，最重要的是业主给我们机会，应该感谢他们。我认为好的甲方有三个特质：第一，有钱，寇总有钱；第二，品位，嘉德的视野不用说了；第三，要讲理。这三点寇总他们都具备了。今天很高兴在自己设计的殿堂里跟大家交流，我觉得是非常好的。

我 1988 年研究生毕业，到现在正好工作 30 年，1978 年到现在 40 年。

我们认识到走的路若快于我们的脑子，可能会造成很多问题，有我自己造成的，可能也有在座很多人造成的遗憾。但是，这没关系，我们要认清自己的不足，我写了几点感受。过去是快速发展，现在是高质量发展，实际上我们是否准备好了？高质量发展，我们的思想意识水准是否达到？我想包括三方面。第一，理解城市发展的目的是什么。十九大精神说，城市发展是为了人民的美好生活，这是我们的主题，不是自我实现、自我展示，而是真正给人们创造好的生活环境，要尽量要求建筑师脑筋快于步伐，尤其北京的发展、雄安的发展，还有通州的发展。第二，文化传承，这个根是不能断的，这实际上来自我们的自信，自信来源于什么，来源于改革开放 40 年中国在世界上所处的地位。从物质上来讲，我们极为丰富；我们的思想，有足够的自信复兴我们的文化，建筑师要勇于担当。第三，技术支撑，还有资源高效，包括智慧城市、智慧建设，技术是不是能给我们足够的支撑？这都是很重要的发展方向。

郭卫兵（河北省建筑设计研究院副院长、总建筑师）：

我十几年前读了邹德农先生的硕士，研究题目是“1975—1985 年十年间建筑改造的几种方法”，这十年间的建筑其实给我们非常深的印象，邹先生也有一段很重要的评价：在那个时候，我们还处于比较封闭的状态，在建筑设计层面上还属于探索时期，但是大家焕发出了创作的热情，即使在这样艰苦的时候，还是创作出了适合当下的一些非常优秀的建筑作品。对于我来说，希望各位前辈能够真正地好好总结一下在那个时代做的一些建筑，以纪念或者启迪的方式，是非常重要的。

另外，我一直和李拱辰先生一起工作，当他的助手，每次开会，孟院士、崔院士、周大师都会问李总身体怎么样，我也通过李总认识了大家。其实，我觉得有很重要的一点，在这个时代，在这些建筑师身上，还是散发着独特的光芒。20 世纪八九十年代直至今天，建筑师对于建筑设计的态度永不落伍，崇尚经典，我觉得这个时代是非常值得回忆和记载的。

郭骏（中元国际工程公司副总建筑师）：

我代表孙宗列总建筑师参会。今天很多大师、前辈们都已经从自己个人的角度结合时代经历跟我们分享了很多精彩内容。孙总想从我们设计院的发展历程上来表征这 40 年的变化。

中国中元作为一个具有独特行业背景的设计院，最开始做机械行业，改革开放之后开始转型，进入民用建筑设计领域，寻找我们的市场和机会。当时觉得做什么都挺好，就什么都做，在这个领域逐渐地发展。直到后来，在改革开放的 40 年当中，随着市场经济划分、对外开放视野的拓展和整个设计工程一体化、全产业链模式的进行，我们逐渐摸索出这样一个设计企业顺应时代城市建设发展的新型模式，包括怎么进行全产业链一体化运作，怎么面对国际化的市场行为。可能从一个专业院来说，在之前根本不可能想象进行这样的工作和从事这样的事业，改革开放 40 年对企业转型、企业寻找新的出路和新的模式具有非常重要的意义。

我本人对此的感触也很深，在上学时大家的观点还是要建设，强调建设，做新的东西。那会儿我们满脑子里想的也是要做大建筑，做大工程。但是，从工作之后开始，整个社会进入到反思阶段，不仅是建设，还要加入文化，加入文化的研究、保护、利用和传承，不再只是单纯的建设，在建设的同时，要寻找建设的意义、品位以及对于整个城市空间和人文的关怀，甚至社会哲学和社会道德上的一些东西，实际上提高了我们建设的品质。我们建设的应该是一个更美好的中国的人类社会环境。

薄宏涛（中联筑境建筑设计有限公司总建筑师）：

我早就想来嘉德艺术中心参观学习，今天又有业主，又有张宇大师的介绍，是非常难得的一个学习机会。同时，也听到诸位前辈、院士包括大师、同行老师们的发言，受益匪浅。今天这个主题比较深刻，对我来说，40 年跨度稍微大了点。我 1998 年大学毕业，到今年正好毕业 20 年。

我工作的 20 年里面，其实是中国改革开放进入高速发展的加速期，我们面对的其实是大量的建设，项目周期和时间不断在压缩，其实是裹挟在中国高速城市化进程之中的。从我个人角度来说，这也是不断学习的过程。我毕业几年之后进入同济大学攻读研究生，在同济大学学习时，我自己的研究方向也是和我们的城市建设息息相关的，也是和当时时代热点相关联的。我研究的是上海一城九镇的建设，从上海中心城区向周边疏解，建设卫星城的过程。那时候一个关键词是建设，怎么在周边城区建出拥有城市感的新区，然后把城市中心的人口疏导出去。

后来，在不断的实践过程中，我觉得我们面对的是不断地增量建设、建设再建设。到 2011 年，当时有一个跟西班牙的文化交流活动，我跟程泰宁院士一起参加，同去的还有孟建民院士、北京院的胡越大师，那次活动给了我一个特别大的触动，回来我就报了程泰宁院士的博士，所以，我 2012 年读了博士。这时候我慢慢地觉得行业和时代都在发生变化，我的研究课题就变成了存量时代的中国城市更新的策略性研究，其实也正好是我们改革开放 40 年或者地产界从黄金十年到白银十年的转换过程。

在具体的实践工作中，我从 2016 年开始参与到北京首钢改造项目里，也非常荣幸能够参与到这个应该说是目前中国最优秀或者最伟大乃至全世界最重大的重工业遗存更新项目，这是非常荣幸的一件事。现在，一期的冬季奥运会奥组委办公园区已经竣工，他们已经入住了。在不断设计和深化的过程中，其实我们感受到了作为建筑师之外的一个责任。明年是首钢百年，在这样一个历史跨度里，这 100 年或者首钢自己的历史就是中国民族工业振兴、发展和再创造的历史。所有设计创作背后的点点滴滴，让我们看到了众多人文的积淀、历史的传承和每一个人对于这个企业和对于这段历史的一种自豪感。所以，其实除了建筑师这个责任以外，我们还拥有非常多的除了创作以外的责任（如文化传播），如对于历史文化遗存的再利用和重新审视，让已经失去荣光的空间重新焕发光彩，这都是建筑师的责任。

程泰宁先生是 1935 年生人，今年 83 岁，长我 40 岁。我也希望在未来的 40 年，我能够像程先生一样工作到 83 岁还拥有非常充沛的创作激情，用下一个 40 年的工作去为我们的城市建设添砖加瓦，做出尊重我们历史的设计，做出记得住历史也记得住乡愁的设计。

朱颖（北京建院约翰马丁国际建筑设计有限公司董事长）：

我是一个晚辈，今天特别荣幸，聆听这么多前辈的高见。我是 1976 年生人，我的成长跟中国的改革开放基本是同步的。我们这一代随着国家的发展，从小过上了稳定的生活。

我小学的时候就有一篇课文，讲人民大会堂的建设，但后来我才知道这是张镈大师设计的。1990 年我刚上高中就赶上亚运会开幕式。等我从清华大学建筑学专业毕业的时候，毕业设计做的是城市规划。

作为建筑师来讲，我能看到建筑设计和其他行业相比所具有的独特性。别的行业只有教你的老师，建筑师只要看到了对方的建筑作品，那他就是你的老师。工作之后，我又参与了张宇大师做的香山植物园，包括马院士做的 T2 航站楼等项目。当时我特别震惊，北京院能设计出这么好的作品。

我想用三个时间段回应今天的主题。第一，改革开放 40 年，我正好刚过40岁，我们每个人其实都随着国家的发展在发展。第二，其实是20年，我1998年参加工作，到今年正好是20年，也正赶上中国建设行业发展最快的20年，我们其实特别荣幸。第三，最近10年，我做了北京建院约翰马丁公司的负责人。约翰马丁公司2008年开始改组，到今年正好10年，这10年，在北京院的关怀下，我们也完成了一些作品。

陈雳（北京建筑大学副教授）：

我是北京建筑大学历史建筑保护系的老师，在张爱林校长领导下工作。工作在文化遗产保护教育第一线，让我来感受这40年的时间跨度，其实是太长了一些。但是，根据我的亲身经历和这十几年的变化，在遗产保护方面，我确实也有一些感想。

第一，我国文化遗产保护成绩斐然，有大量成功的案例，大家都是有目共睹的，就不展开说了。第二，我们国家文化遗产保护的教育已经在高校生根，方兴未艾。从我自身体会来讲，这是非常重要的变化。以我们北京建筑大学为例，刚才张爱林校长也讲了，北京建筑大学目前是国内唯一的本、硕、博、博士后甚至国家级别的培训一体化的文化遗产保护教育体系，培养了一批又一批以建筑遗产保护为未来职业选项的青年学子。他们在这里学习国内外先进的保护理论、保护技术、保护方法，甚至参加重要的文化遗产保护的实践，这都非常难得，为毕业后投身遗产保护事业积蓄力量。第三，我国文化遗产保护观念深入人心，民众的意识也大大提高。遗产保护在我们国家是从梁思成先生那一辈人开始的，经过几代人的不懈努力，领导们的积极倡导，已经深入人心。除了文物建筑之外，无论是历史建筑、历史街区、文化景观，还是我们呼吁的20世纪遗产、工业遗产，都渐渐成为全社会关注的热点。每当城市建设触动文化遗产的时候，总会有民间的力量挺身而出，奔走呼吁，这就是文化一般保护的根本动力源泉。第四，文化遗产保护未来的任务仍然十分艰巨。

根据我的理解，因为我们国家发展太快，城市化和城市更新给城市遗产带来前所未有的冲击。我认为当前的遗产保护有两个要点也是难点：第一，对于无序城市建设所造成的城市风貌的破坏如何进行修复；第二，对业内已经存在的城市遗产如何活化利用。这点习总书记曾经也指出过，让文物建筑在老百姓的生活中“活起来”。在欧洲有许许多多的老建筑，它们保持了原有的城市风貌和真实性，甚至几百年来风貌保存完好，而且修复都是按照它的真实性修复，城市设施、生活设施都是现代化的，历史建筑对人们生活毫无影响，而且还增添了一丝文化气息。

从我本人来看，历史城市的复兴，不能以经济价值作为唯一的标准，必须有文化的担当。老建筑的活化利用绝不能仅限于博物馆，可以赋予任何实际功能，比如旅馆、剧院、商住，这些实例在欧洲比比皆是。历史建筑活化利用也给管理、规划和建设提出了更高的要求。

殷力欣（中国艺术研究院研究员、《中国建筑文化遗产》副主编）：

今天上午我到天津大学参加卢绳先生百年诞辰纪念活动。卢绳先生是 1918 年生人，1977 年去世。我有这样的感触，王学仲先生在几年前写纪念卢绳先生的文章时用了这样一个标题《假如卢先生在该多好》。而我今天去纪念卢先生的时候，是在想假如再给卢先生十年或者二十年该有多好啊。因为像卢先生这样一个学建筑历史的人，经历了很多波折，积累了很多知识，而恰恰在改革的前夜，1977 年，英年早逝。他给天津大学留下了一个完整的教学体系，但是他个人却还没有来得及拿出更成熟的研究成果，这是很可惜的一件事。

卢绳先生的建筑设计理念贯穿着中国文化精神的传承，同时它也是经世致用之学，是以人为本的。所以，今天我们纪念改革开放的时候，最重要的应该是纪念一种精神。这种精神，第一是经世致用，作为建筑师，时时刻刻想到为民生而建筑；第二，我想起鲁迅先生曾经的一句话，叫做“非有天马行空似的精神，不能有大艺术之产生”。我想改革带给建筑界的影响就是这样的，用以人为本的精神尽我们建筑师的社会职责，同时要有天马行空似的个性张扬的东西去创作出符合我们时代和对得起后代的建筑作品。

从 1978 年到现在，前 20 年或者 30 年，我们会看到很多照抄西方的东西，建筑样式可能是新的，但是自己的创作是少的。而近十年以来，我们看到一些有了建筑师个性的东西，比如在座的张宇大师、周恺大师的作品，如果我们把改革开放的精神坚持下去，以后会有更伟大的建筑大师产生，这是我的一点感想。

宋雪峰（天津大学出版社总编辑）：

我个人实际上也刚到出版行业不久，算是半个媒体人，我原来在天津大学宣传部工作。在我工作的这些年，我也见证了天津大学的发展，

与会嘉宾合影

感受了天津大学的变化。在我到出版社工作以后，实际上我的视野也得到了开拓。在这次活动之前，我正在审读一本书，也是金主编团队的作品，叫做《建筑评论》。在那里边，有费麟先生、马国馨院士、布正伟先生等前辈们，还包括一些中青年建筑师的文章，我认真地拜读了他们对建筑的见解，确实感触颇深。

在这次十九大报告当中，习总书记反复强调，我们是以人民为中心。我个人也在写一本书，是关于天津大学历史方面的一本书，我们想以图文并茂的形式来写。写这个书的时候，我们就特别强调我们要通过见人、见事、见物，充分展现天津大学 120 多年的历史。我想，在我们建筑文化传播当中，我们关注的不仅仅是建筑师留下的一栋栋建筑，更多的是建筑师内心的世界，关注我们的精神，关注我们能够使中国建筑文化在中国扎根、在世界发展这样一个经历的过程。

在这个过程当中，我想能够通过这样一个平台，进一步对各位大师有更多的了解，能够通过更多的文化产品把中国建筑文化事业、建筑事业发展过程当中的这些人和事更多、更好地记录下来，而不是简单地记住一些建筑，更多的是要记住这个建筑背后的人，这个人所体现的一种中国建筑的精神。我希望天津大学出版社能够和我们的各位建筑大师们有更多合作，也发挥我们的作用，为中国建筑事业和建筑文化事业的发展做出我们的贡献。

马国馨（中国工程院院士、全国工程勘察设计大师）：

首先，今天的论坛要感谢北京嘉德艺术中心，因为在这里举办本次论坛也是成功的一个很重要的因素。北京嘉德艺术中心本身对建筑师来说很有吸引力，在改革开放到了这个时间，在北京这样重要的地段完成的这么一栋建筑，大家都想来观察一下、体会一下。而且，对我来说，嘉德艺术中心更有亲切感，因为我上中学就在这附近，离这个地方不到半站地，对这里还是很熟悉的。其次，今天大家都做了很好的发言，尤其是改革开放 40 年，是特别长但又是特别短的时间。在建筑界，过去参加各种会经常会照相，过去我老是站最后一排，到后来往前稍微凑合了一下，再往后就站第二排了，最近老在第一排，第一排还经常坐中间，很不好意思。我后来一想，这里边就看出时间的流逝，看出我们这个行业的薪火传承，且后继有人。我们的中年建筑师、青年建筑师在改革开放的时代能够非常快地成长起来。我想最突出的成绩就是我们逐渐走向全国，走向世界，让世界各国很好地了解我们国家，这是一个很好的兆头。我记得改革开放初期我到国外去学习，那时我都 39 岁了，到国外去学习应该说坐了改革开放的头班车，可是对当时的我来说已经是末班车了，但对我们来说还是非常好的机遇。我记得第一次出国的时候，眼花缭乱的，看着国外五光十色的建筑，目不暇接。到人家事务所，好多新词都不知道是什么意思。当时 CBD 也是我第一次看到。所以，改革开放，国门的开放，我们眼界的开放，我们整个行业的开放，对于整个行业的进步和发展非常重要。刚才大家都说了很多自己的故事，让我觉得这 40 年本身就是一个历史的轴线。

很多专家特别讲到建筑遗产的保护。实际上在 40 年当中我们这个行业所面临的课题是为了我们的现在、为了我们的未来。建筑遗产和文博则是为了我们的过去，需要思考如何能够把它很好地保存下来、利用下来，更好地发挥作用。应该说这两件事都经过了曲折的道路，经过了反复，经过了正反两方面的检验，获得了各种经验和教训，且在不断地砥砺前行。40 年中城市化进程非常快。我虽说已经在北京生活了 50 多年，但到现在很多地方根本不认识。但是，从另一个角度看，取得成就的同时也有很多不足，有很多大家不满意的地方。所以，我觉得建筑设计行业更需要反思，更需要研究，更需要分析，更需要提高。建筑师要为成千上万人服务，众口难调，很难一一满足。咱们有很多设计项目，设计医院，设计车站，设计航空港，设计剧场，设计住宅……无论是过去还是现在的建筑，我们都面临着非常大的挑战。

今天听了大家在论坛上的发言，我感觉 40 年虽然很短暂，但在十九大、

“两会”以后，我们又到了一个更新的转折点，新的思想、新的道路、新的方法给我们提出了更多的要求。

对于我们这个行业的发展现状和受重视程度，我自己并不是特别满意。比如我看了一个“两会”报道，说今后将要大力发展的六个行业，建筑设计行业不在其中。现在大力提倡的不是人工智能，就是生物医学，我心想其实建筑设计是挺要紧的，怎么好像不怎么被重视似的？再如开“两会”，咱们建筑界有什么代表在那儿？除了主抓建设的领导，搞建筑设计的专业人员寥寥无几。

另外，我自己还有个体会，中青年建筑师包括年龄大一些的建筑师，其实很多事还能够多做一些，除了物质产品以外，我们当中的人、我们当中的事，是不是能够很好地传承下来，这也是一个很重要的问题。现在口述历史，把我们的历史传承下来，有这么几个方式，如口述史、回忆录、自传，都能够把这些东西很好地传承下来，把财富留给大家。在座的每个人身上都有很多故事，应该注意积累、记录下来。我觉得很可惜的就是第一代建筑师基本没留下啥回忆录，梁思成也好，杨廷宝也好，基本都没留下。第二代建筑师张镈，他记性非常好，写了他的回忆录，现在应该说是很宝贵的资料。张开济张总说过他自己出过一本自己的文章合集。其他的就很少了，就靠现在很多研究生或者大学里的研究人员继续挖掘梳理。我想，通过进一步总结改革开放的40年，还是能够找出很多对我们非常有指导意义和值得回忆的东西。

（整理／苗森　图／李沉、万玉藻、朱有恒）

让建筑更美好·石家庄论坛

编者按：

2018年4月12日—13日，第二届“媒体的力量——让建筑更美好”学术沙龙暨以建筑设计的名义纪念改革四十周年座谈会成功举办，旨在用媒体的视角，通过媒体与建筑师交流的方式，用多种成果与形式表达建筑学人纪念改革40周年的心声。本活动由《建筑评论》《城市建筑》《建筑技艺》《云南建筑》《华建筑》《建筑设计管理》《华中建筑》七家建筑文化单位联合主办，河北省勘察设计咨询协会、河北省土木建筑学会建筑师分会、河北建筑设计研究院有限责任公司承办。全国工程勘察设计大师、北京市建筑设计研究院有限公司副董事长张宇，全国工程勘察设计大师、中国建筑西北设计研究院

张宇 赵元超 徐锋 孙兆杰 郭卫兵 郝卫东

孔令涛 徐宗武 赖军 高崧 范欣 杜小光

董霄龙 唐文胜 吕强 纪玉戟 金磊

总建筑师赵元超，北方工程设计研究院有限公司总经理、总建筑师孙兆杰，河北建筑设计研究院有限责任公司总建筑师、副院长郭卫兵等 20 余位建筑师代表与建筑媒体代表展开对话交流。论坛由张宇大师主持。

张宇（全国工程勘察设计大师、北京市建筑设计研究院有限公司副董事长）：

“媒体的力量”论坛已经是第二届，今年的主题是“以建筑设计的名义纪念改革 40 年”。这四十年对中国建筑设计行业而言是飞速发展的时期，对中国建筑师来说，这四十年为我们提供了展现创作能力的契机与平台。而在建筑奖项方面更是逐年增加，无论是国外，还是国内，如中国建筑学会以及勘察设计学会，都有各自不同的奖项。中国建筑学会大概有十几个奖项，此外还有国家级的建筑奖以及鲁班奖。国际知名的有英国皇家建筑师协会奖等。面对如此多的奖项，作为建筑师要思考得奖的目的是什么。我认为，这些奖项实际上是中国乃至国际建筑设计的风向标，最终目的是让这些建筑作品为社会大众所知晓，在公众中传播建筑文化。这其中，更多要依靠专业媒体的推动。建筑主流媒体应多多宣传正面的东西，引发业界及公众的讨论，一同把建筑学的故事讲好，给建筑师一个平台。我们在关心建筑的同时，更要关心建筑背后建筑师的观点。我和金磊主编合作办了《建筑创作》杂志，比较有影响的还有《世界建筑》，当然还有业界知名度最高的《建筑学报》。我的想法是把建筑师与建筑传媒联合起来，发挥合力。在评奖之后要对获奖建筑作品的宣传多下功夫。

赵元超（全国工程勘察设计大师、中国建筑西北设计研究院总建筑师）：

我认为建筑师和建筑专业媒体的互动的确非常重要。从我上学时期经常翻阅的《世界建筑》《建筑学报》，到现在丰富的新媒体，媒体对建筑设计事业的推动力量愈发强大。我想，各个建筑媒体也可以依据各自不同的专业方向做一些工作，如《中国建筑文化遗产》丛书，可否将保护类的建筑以一定的策划和步骤加以宣传。再如一些新建筑，超高层、机场、车站等都可以由相关的建筑媒体有策略地加以宣传。而面对改革开放 40 年这样宏大的主题，建筑行业的学会是否可以联合专业媒体评选

建筑师茶座主题（组图）

出“改革开放四十年影响中国的十大建筑”。这四十年创作的作品不计其数，我们应以发展的眼光去审视这些作品，综合各方面的因素和标准加以评选。建筑师也像“驴”一样，习惯只干活、不看路，多亏有建筑媒体的朋友们付出的辛勤劳动，让更多人看到建筑师的工作。

金磊（中国文物学会 20 世纪建筑遗产委员会副会长、秘书长）：

改革开放 40 周年，在北京召开以“建筑与文博”的名义纪念改革，是跨界的论坛。我们和孟建民院士一起讨论，计划在深圳召开建筑设计改革论坛，邀请深圳相关设计单位加盟。会议地点也在改革开放之初非常有影响力的南海酒店举行，论坛也要评出深圳改革有标志性的十个建筑。我觉得这就是自由媒体人的力量，这就是走在正确道路上媒体人的思考。

徐锋（云南省设计院集团总建筑师）：

我们这么多建筑师和媒体人聚在一体，我个人认为通过这样的活动总能找到一条路。中国勘察设计协会评奖也好，各方面奖项也好，包括新媒体、网络、网红建筑师都在通过各种渠道崭露头角。我们的建筑靠设计师，也靠相关政府主管部门的支持，现在最迫切需要知道的是什么才是中国好建筑、好设计。我们建筑师包括媒体应该思考如何将好建筑的评判标准价值观传送给社会，特别是向有决策能力的人群传递。现在各种建筑奖项非常多，大家的思路还没有捋顺，之前说部优就是部级奖，国优就是国家奖，但是之前和别人讲中国勘察设计协会的奖是什么级别？也说不清楚。要想改变这样的“乱象”，一方面仰仗建筑媒体的专业宣传，另一方面各个评奖团体之间也要加强交流，共同传递中国好建筑的理念和标准。一方面是针对社会公众，另一方面是政府决策层，更迫切的是针对高校建筑专业的学生。我们那代人在上学时只看那三本知名的建筑杂志——《世界建筑》《时代建筑》《建筑师》。现在是信息爆炸的时代，尤其受新媒体的冲击，信息量太大，国内的、国际的建筑学生们看的信息太多了，而各个媒体又有自己不同的舆论导向，传达的建筑评判标准又往往大相径庭，这对于还在形成建筑设计世界观、价值观的学生们来说虽然开阔了视野，但也容易被鱼龙混杂的传播乱象弄得不知所措，极容易导致创作理念的跑偏，而他们其实代表了中国建筑创作的未来。

高崧（东南大学建筑设计研究院有限公司副院长、执行总建筑师）：

建筑媒体搭建交流的平台，建筑师充分参与，这样的活动非常有意义。因为交流过程中需要平等，通过交流才能知道自己的优势和劣势，取长补短，才能促进建筑师自身的成长。其实，建筑师是很挑剔也很具有强迫症的群体，在一定程度上很小众也很清高，经常认为别人不懂自己在做什么，也不愿意解释。但我想应该逆向思考，我们有没有把建筑推广出去，让大众去体验和感受？反观国外，很多建筑设计从立项之初大众就充分参与其中，每个人都有对建筑不同的要求，有评判建筑优劣的不同标准，都有发言权。这其中除了管理体制方面的改善外，尤其要开展全民建筑文化素养的提升工作。建筑师也需要大众出谋划策，现在推广建筑师负责制，我们也要自问是不是每一个建筑师都具备负责项目全链条的能力？对于好建筑的标准，究竟是各方面都合格且非常均衡，还是具有极其鲜明的特色但品质不均衡？官方奖项往往看中均衡，但是建筑媒体是不是可以找出那些特色鲜明的建筑加以推广，不让它们的闪光点被埋没呢？

徐宗武（中国中建设计集团有限公司（直营总部）总建筑师）：

现在出现了很多的网红建筑师，他们依托新媒体的力量在高校学生、刚刚开始从事建筑设计的青年人当中具有极强的影响力和号召力。冷静评判他们的作品，与我们主流建筑大师的作品比起来，还是有很大差距的，但是他们却拥有数量庞大的特定粉丝群体，这个特殊现象显示出了媒体的引导力量。这些网红建筑师往往做一些小品类的建筑，可城市里需要那么多的综合性的大型建筑，都是谁来做的呢？一定是主流建筑师在做，但是这些付出更多辛劳的建筑师在业界反而没有足够的地位，更不要说在社会公众中的影响力和关注度。改革开放 40 年，城市的巨大变化，并不是因为在深山里盖了一个小院子，而是因为建设了为大多数人服务的优秀建筑，而它们背后是千千万万默默付出的主流建筑师。这样的现象是不正常的，建筑设计的价值观需要依靠建筑媒体来引导，要告诉大家什么精神要传承，什么理念要坚持。对国内建筑奖项的宣传也亟待加强，我之前获得过一个比较重要的奖项，但是颁发获奖证书时各个建筑媒体上都没有见到相关的宣传，这方面我们建筑师和媒体都应反思。另外，我想谈谈建筑师负责制。的确建筑师应该为自己设计的作品负责，但是建筑师也是需要荣誉感和自豪感的，相关主管部门应该对建筑师也采用“以人为本”的管理方式。最后想谈谈国内的建筑评论。现在国内建筑评论基本都是以夸奖为主，大家都说好，评论人都怕得罪建筑师，都习惯唱赞歌。事实上，建筑评论还应该告诉大家什么样子的建筑是不可取的，这也需要建筑师和媒体人的共同合作。

唐文胜（中南建筑设计院股份有限公司副总建筑师）：

建筑媒体有自身的特点，他们与建筑师的结合更紧密。我们在学生时代就开始订阅建筑类的杂志了，我更是从初中就开始看《建筑学报》。上面很多经典案例至今我都保留着，可见建筑媒体对建筑师的影响是非常大的。从纸媒时代到现在的新媒体，年轻人看纸媒的已经不多了，都在用网络媒体。所以，对建筑传媒来说确实要跟上这个形式，当然我看到很多建筑媒体也都在做新媒体。说到国内的建筑奖项，有一个现象是一等奖特别多，但含金量感觉不是很足，带来的影响力也有所欠缺。反观国外的奖项，一等奖一般就一个，或者每个类别的建筑只评选一个最好的，有时候甚至一等奖会空缺，宁缺毋滥。这样评出的奖项少而精，给人们的感觉就是公正、权威，才能真正起到风向引领的作用。

吕强（悉地国际设计集团副总经理、海外及体育业务总经理）：

近几年我的工作重点主要在海外的设计项目。2017 年我和崔愷院士做过交流，在国外有很多中国建筑师在做项目，但是面临很难被国外客户认可的窘境，在这方面我们还有很多工作要做。我们需要进行国际认证，需要加入海外的协会、学会团体，如英国皇家建筑师协会、美国的 AIA，这些都是中国建筑师海外项目的敲门砖。但是即便做到了这些，

会议现场

在深入工作的时候，我们还会发现重大的问题——中国建筑师在海外影响力几乎为零。只有极少的中国建筑师有一些国际知名度，因为他们有海外留学的背景，知道相关的规则，知道和国际接轨的方法，明白如何在国际舞台上发声。其实我们很多国内非常优秀的建筑师，不知道怎么在国际上占据话语权，不知道如何让国外客户认识自己。如何将中国建筑师推出去，让他们在国际上有组织、有策划地亮相，这都要借助媒体力量，建筑师的个人力量非常有限。我们的杂志是不是可以有一些英文版，在国际上发行，产生影响力，这是能做的事情之一。

杜小光（云南省设计院集团副总建筑师）：

我也是第一次参加建筑师和媒体面对面的论坛。在我的理解中，在建筑传媒和建筑师的合作中很重要的工作内容是“建筑评论”，但是其中大都在为建筑师说好话，“建筑批评”这部分显得薄弱了很多。事实上，通过“批评”可以使我们的建筑设计更加优化，建筑师和媒体在一起充分交流，对提升自己的设计水平很有帮助。在云南有异地搬迁的情况，一些传统村落面临拆除，这对中国传统村落文化是很不利的，在制定政策时要对地方文化的保护有足够的思考。中国目前发展很不平衡，体现了区域性的差异，我特别想倡议，在云南我们几个设计院的交流是比较多的，我们想是否能借助媒体平台，邀请全国的专家团队为相对落后地区的建筑设计多做指导，繁荣这些地区的建筑创作。

董霄龙（中国五洲工程设计集团有限公司总建筑师）：

我相信媒体的力量会让建筑更美好，引申一下，让建筑生活更美好，让建筑人更美好，让生活在建筑里的人也更美好。实际上，媒体确实很有力量，我们今天讨论怎么让媒体更有力量。媒体联盟非常好，媒体也有各自的个性，但联盟做什么是很重要的，因为从专业媒体来讲，有专业学术性，还有宣传性，媒体联盟后怎么做专题是非常重要的。每个媒体应能够反映更深的内容，专业媒体联合起来，找到切入口，深入下去挖掘建筑引导或者思考的作用。我想通过媒体的力量也可以做一些主题性活动，如“重走之路”的活动就很有意义。新华社有许多老照片，现在挖掘出来做了一个《国家相册》的节目，比如敦煌，不是覆盖面很宽泛，就是很有主题性。然后他们结合资料，宣传中国的文化。我觉得我们建筑媒体也是这样。因为现在我们的专业杂志还主要局限在专业人士看，信息量过大，完全都看也不现实，而且不利于辨别和吸收。我们通过讲建筑，讲建筑人的故事，将对整个社会都很有感染力。通过媒体联盟我们可以做一系列事情，从我们专业媒体视角来做，力量会很强大。

赖军（北京墨臣建筑设计事务所总裁、总建筑师）：

最近有几个事我很有感触。一个是我去考察了两个地方，都在北京。一个叫罗红艺术馆，罗红是好利来的老板，也是个摄影“发烧友”，拍了很多特别好的片子，尤其是在非洲。因为特别“发烧”，所以就斥巨资在顺义建了一个罗红艺术馆，现在越来越火，已经开放给大众了。另外一个就是松美术馆，展示的是华谊兄弟创始人王中军自己收藏的画作。他买了好多国外的画作，自己也画画，松美术馆馆藏了大概 80 幅画，也展示出来，开放给大众。我们看完以后，就在想摄影的发烧友、画画的发烧友都有艺术馆，咱们建筑师怎么就没有艺术馆呢？咱们建筑师没有一个真正建筑艺术的殿堂，也就是缺少一个跟公众、跟社会对接落地的媒介。现在我们在想，建筑师的建筑创作其实还是在学术圈里自己评，在社会上的影响力还是普遍偏低的，很多非常好的建筑师，非常好的建筑作品没有展示给大众，大众也不了解，这样就导致很多认知上的错位。我们现在接触到的项目，甚至小到一两万平方米的项目，建筑设计费还没有室内设计费高，感觉特别离谱。我们接了一个项目，报价两三百元一平方米，其实并不高，甲方还嫌贵。甲方给室内设计是两三千元一平方米。室内设计师能够被包装成大师，能够被大家接受认可，反观我们这么好的建筑设计师却没人认可，这是挺值得思考的一个现象。我想这就是怎么包装的问题。我认为包装的方法，一方面写文章、报道，这是虚拟的平台；另外一个方面是实体平台，我们这些展览、竞赛，我们这些特别好的活动能不能有持续性？我觉得在这方面还很欠缺。我们下一步可能会设计个艺术馆，就放咱们建筑师最好的作品，咱们展示出来，介绍给大家。

另外一个事，我在思考，建筑师应该用实践的方式让好的设计能够与公众产生一种连接，让公众能够真的参与进来。咱们那么多优秀的建筑师怎么就不能成为“网红”，这点也值得咱们思考。在几年前有一个房子突然火了，名为最孤独的图书馆，拍宣传片的时候为什么从这个角度拍？如果从建筑师的角度拍不出来，拍出来也没人会感兴趣，其实能不能转换一些视角？从公众的、社会的角度，或者怎么把情怀调动起来，这些可能会引起大众关心，至于技术细节，这些东西只能在我们圈里传播。建筑师如何获取社会的认可，这是我们媒体要思考的另外一个问题，也就是说我们媒体用什么样的方式能够实现这么一个效果。建筑师都期望有很多好的机会，但是如果没有被认可，一方面没有机会去做好的作品，另外一方面即便做出来，其实也缺乏社会认同的价值。

范欣（新疆建筑设计研究院副总建筑师、绿建中心总工程师）：

在接到活动邀请后，我给郭卫兵院长发了一句话，说：“太远了，但是远隔千山万水，我相信终拦不住一颗赤子之心。”我这个人也比较感性，是这次活动的真切和情怀打动了我，所以我放下一切事务就来了。也特别高兴能跟咱们这群有情怀的建筑师们一起参会。我们现在的社会讲的是开放、包容、共同体的时代，我们的会议主题也体现了这点。新疆是世界上唯一的四大文化交汇之地，所以作为一个独特的地域，特别是“一带一路”里的“一带”，它是连接欧亚大陆的桥梁，而乌鲁木齐就占了桥头堡位置。所以，我觉得新疆建筑师要走出去，继续把新疆的开放和包容传承下去。

我觉得建筑师有两件事情要做，一个是“走上来”，一个是“走下去”。走上来是什么呢？很多时候我们在一起开会，发发牢骚就回去了。我想我们要迈出这个象牙塔，因为我们除了自身感受之外，更重要的是对社会的责任和贡献，所以“走上来”是非常有必要的，特别是地域界限也可以摒弃掉，界限都不是问题。借助媒体提升我们的社会影响力，我觉得这个非常重要。如果社会公众对艺术、建筑、城市记忆的传承有了认知，我们才有影响力，否则非常无力。“走上来”之后让社会能够更多地听到建筑师的声音，特别是听到我们一些符合建筑本质和建筑创作的声音。在天津大学求学时受到的关于建筑本质的教育是非常纯粹的，后来进入工作岗位突然发现自己好像不知道该怎么做建筑了，很多东西变了，建筑变成时髦的花活了，让我很困惑。我去年有很大感受，我大概有半年时间待在新疆偏远的一个贫困县，它是历史上一个西域边陲的都市县，当时请我去做特色城镇风貌研究。我到民间传统民居的聚落里去，突然发现建筑师应该匍匐在地上，把自己归零，因为我们自以为很专业、学院派的设计，到了民间的那种自然而然散发的艺术里面真的只是个“零”，这是我去年最大的感受。他们要拆的一个棚户区非常精彩，还有几栋特别有代表性的民居，后来我们抓紧时间向相关部门呼吁保留，最后没有拆除，这也是我们比较欣慰的一点。在我们走了一周之后，除了我们要保留的东西外全部被夷为平地，非常可惜。但是，建筑师的这点小的力气也只能做到这种程度了。

2016 年新疆发生了两件特别大的事，一个是使用时间不久的展览馆被夷为平地，我们虽然昼夜呼吁，但没有用；还有一个就是新疆人民会堂被评为首批中国 20 世纪建筑遗产之一，但就在评选前不久，它被改头换面了，旧有的气质完全消失了。所以，这两件事其实也是我们建筑界的内心之痛。

现在正值改革开放 40 周年，正好是一个时机，让我们重新审视当今社会的建筑行为。我有一位同学说只有落后的文明、不发达的地方才会有美景。我们当时开玩笑跟他说为什么你对文明的理解是这样的。我认为人类的欲望在大自然面前是非常渺小的，我觉得我们对文明的理解有时候是偏颇的。关于文明和生态的关系，我觉得在特色小镇和美丽乡村里感受特深。

今天各位都讲什么是好建筑。我这些年做建筑原创，我把我的体会分享一下。我们的建筑不是自身影响有多大，也不是建筑师的丰碑，建筑师在这里并不是唯一重要的因素。我觉得更多的是我们的建筑对城市、对自然和环境的影响是否到了最低，这才是最重要的。我记得当年做一个棚改纪念馆项目，周围棚户区改造，把大家全部放到 27 层、28 层的高楼林立的森林里边去，中间有三角地要做棚改纪念馆。我采用了一些新疆地域特有的处理手法。新疆很多街很有意思，比建筑本体有意思，中间半围绕成的庭院，这才是我们设计的精髓。纪念馆并没有高碑尖塔，因为在我看来形式不重要，重要的是到这来的人应该心情平静、觉得幸福和快乐，我的作品就达到了目的，这是我在城市的设计方向。

2007 年 1 月，我主编了《中国传统建筑解析与传承　新疆卷》，里面其实我们也做了一些突破，就是过去我们讲传统的时候，都是陈列历史，有多少民族、多少地区、什么东西摆在这，这次我们有一个创新，我称之为“建筑空间的智慧”。其实这个智慧是非常丰富的，我们讲的就是民间智慧，这里面打破了地域和民族的界限，从传统建筑应对气候和满足生活基本需要这个客观性上找到了传统建筑方法论，指引我们的当代和未来。这与现在建筑设计从主观性出发是有极大区别的，我认为客观性更重要。其实我当时很忐忑，因为跟全国地方院编的不一样，特别怕无法通过，但是当时与会的院士、大师和专家们还是比较认同的。所以，我希望我们建筑师或者媒体在一起能为传统做一些守护。当然，守护的同时还有一个非常重要的就是传承，这个可能更重要，因为历史要延续。我觉得这个是我们对社会能够做的贡献，也是想借这本书讲什么是好建筑，什么是好的地域建筑，也把自己的很多思想和理解放进去。

我个人希望我们的建筑媒体能够更开放和多元，除了我们的主旋律之外，能够搭建一个平台，展现更加个性的思想。个性思想不一定能得到所有人的认同，但是它可以激发很多不同的声音和争议，这才是建筑的活力。我认为不同是最好的，如果大家都是一个声音，其实挺麻烦的，因为人的思想、生活、经历是不一样的。

纪玉戟（URBANTECT 都市架构建筑事务所总建筑师）：

两年前的第一届会议我也参加了，当时对行业内设置的奖项真的完全不清楚。经过第一次会议之后我也在想这个事，我觉得现在我有一点提高，了解的也越来越多。今天简单地说一些思考。

首先，我觉得媒体要有自己的定位。我比较喜欢一句话，“你的定位越窄，你的受众面就越广”。因为我是青年建筑师，也是靠着很多专业媒体的支撑成长起来的，但是现在大家都知道，互联网时代就是“去权威”的一个过程，传统媒体学术权威在互联网时代的“去权威”趋势会越来越明显。作为建筑师来讲，我认为我们应该拥抱它，这是一个趋势，今天在座的都提到很多纸媒慢慢地衰退以及电子媒体的兴起，这都是未来发展的方向。

与会嘉宾合影

另外一个问题，大家今天提到了目前我们国内电子媒体的状况，我感觉我们应该反思，诚然它引起了很多社会反响，但是我个人觉得它有点过于娱乐化了。建筑师并不是很多媒体上表现的这么肤浅。我们想要把建筑师推向大家，让大家了解做建筑是一件非常严肃的事情，一个建筑往往比一个人的生命要长久得多。所以，媒体应该传播有价值观的建筑，而不仅仅让大众去了解表象。比如，很多甲方发自内心地认为他们的水平比我们要高得多。不光社会其他人士对我们的理解有问题，我们自己的社会价值取向定位往往也不是很准确，导致大众以为我们就是画图匠。所以，我觉得我们在拥抱未来的同时，也应该反思一下，怎么把我们的位置定得更准一些，而不是让我们的建筑娱乐化，这是我的第一个观点。

第二个观点，刚才有嘉宾提到关注建筑媒体国际化的问题。我不知道大家关注什么媒体，我关注的所有媒体几乎都是国外的，像国内的微信公众号，我看到也就是哈哈一笑，使我在紧张工作中放松一下而已。我从媒体上获取的专业知识基本来自国外的平台。建筑媒体本身面对的不仅仅是我们国内来自于新媒体的竞争，它的竞争也是国际化的，因为互联网是国际化时代。我是从外资设计企业干出来的，我很了解外资设计企业的工作模式，特别是在中国的项目，实际上都是外企里的中国建筑师做的。但是，作为建筑师，你要在中国做一个项目，如果你不能把老外拉来垫个场，基本拿不下项目。当然，我们不可能在短时间内改变现状，但是作为媒体人，可以在这方面做一些工作。

最后一点，纸质媒体看的人越来越少，说实话，建筑设计师从传统上来说就很少写文章，但他一旦落笔，往往能写出很重要的思想。纸质媒体虽然看的人少，但是它毕竟还是具有专业性的，对建筑师来说也很重要。刚才赖军总提到建筑师对大众传播的问题。在我们的工作室下面，我做了一个画廊，我做画廊的最初目的就是想把我们建筑师的文化对外进行传播。虽然我的画廊办了快两年了，但是我从来没办过个人展览，从一开始办的就是建筑师的摄影展。我们真正想做的是把建筑师的作品推向大众，以一个非常专业化的姿态去推，而不是娱乐化的。实际上，尤文斯曾经在 798 举办过一个建筑展，他的建筑展都是老一辈建筑艺术家的展览，整体水平非常差，展了一些模型，模型制作得非常粗糙，但是传播效果非常好。也就是说，实际上建筑师如果把专业的东西拿出来，社会上还是会对你很关注的，而不是像我们想象的一定要把建筑娱乐化他们才关注。所以，我非常想做这个事情，能把建筑师的专业的作品展出来，我欢迎任何在座媒体和各位前辈能够支持我这个工作，我是以百分之百的热情在做。作为一个建筑师，我们对自己做的东西本身有非常高的认可度，所以我比较反对把建筑娱乐化这样一个过程，我希望能够以专业的姿态来做，而且我认为专业的姿态更容易取得社会的关注。

孔令涛（九易庄宸工程设计有限公司总建筑师）：

从第一届“媒体的力量”座谈会到现在，不仅市场有变化，整个建筑设计行业也发生了很大的变化，尤其是“两会”以后。原来我在河北省建筑设计院工作的时候，经常去资料室翻阅资料，读书还是一个有仪式感的过程。现在不管是纸媒，还是互联网，实际上还是在封闭的建筑圈子里，大众并不清楚。同时，结构、设备等专业对建筑设计的一些纸媒包括互联网也不是非常清楚。今天讲媒体的力量，我想有两个关键词，一个是力量，一个是美好。媒体的力量怎么穿透出去，这是一个很大的问题，从结构导向来讲，实际上是我们影响大众，这个意义并不是特别的突出。因为我们所有的建筑决策基本上都是城市管理层决策。所以，如果影响大众，我觉得媒体是不是能够影响城市的决策层，这个更关键。改革开放 40 年，每个省市唯一对大众有影响力的建筑活动可能是都评过十大建筑。你去问老百姓，他最多只知道所在城市的十大建筑，这就是对普通大众建筑设计传递的信息和力量。

现在建筑跟规划要“分家”了，我们的建筑设计连规划师恐怕都影响不到。河北省逐渐有一个现象，尤其是县级或者其他地市级，现在做项目主任评委的不是建筑师，而是规划师，这传递了一个信息，就政府决策层而言并不看重建筑师的地位，认为建筑师就是一个画图匠，是被审核的对象，真正影响决策的是规划。可见，规划界的影响力远比我们建筑界强大。我们建筑师本身认为建筑设计是了不起的艺术，但是建筑师在整个文化艺术圈里形不成合力。我希望整个建筑界在建筑传媒的帮助下能够有一定的声音和话语权，去影响大众，它的意义在于对大众建筑审美有一个正向的结果导向。

郝卫东（北方绿野建筑设计有限公司董事长、总建筑师）：

建筑媒体对于建筑师的成长来说是非常重要的，甚至影响他们的一生。我从事建筑设计 28 年，一直坚持在创作第一线，往往抱着如履薄冰的心情，虽然很困难，但从来没想过要放弃。刚才范欣总讲了一句话，说只有在落后的地区才能有得到完善保护的村庄。最近我们在做一些村落保护的项目，发现河北也有类似的情况。的确，建筑师有责任让一些极具典型中国传统建筑文化的古村落被保护下来。在长时间的设计实践中，我越发觉得建筑师应该谨慎地做一些所谓的创新，要把功夫多用在中国传统建筑文化的传承上。

今天还谈到设立建筑媒体奖的话题。近几年，我也在关注一些国际上的奖项，我曾经还带着 AIA 协会的获奖作品在各个大学里做一些普及工作。在这个过程中，我也在思考中国建筑师今后的创作方向是什么。国内只要评奖，就一定会评出一、二、三等奖来，而 AIA 不同，他们的奖就叫 AIA 荣誉奖，分为几大类，包括居住类、景观类等。如果我们通过媒体来评奖的话，是否也会改变固有的奖项设置形式，我建议去除几等奖的概念。此外，我们的奖项应有引导和指向的作用，甚至可以影响城市管理者的决策以及给公众以普及。因此，我建议在奖项设置上应该更多元化，要充分关注普遍性的问题，要关注区域的条件差别。获奖的作品，更多的作用是导向和引领，而不是让所有人都完全接受、面面俱到。希望各位媒体朋友给予更多的关注。

孙兆杰（北方工程设计研究院有限公司总经理）：

针对今天的会议主题，我说两点感受。大家说到上学时经常看的那

会场一角

媒体筹备会现场

几本杂志，我也如此。在和媒体的接触中，我深刻感觉到建筑师和媒体是相互支撑的，尤其是建筑师离不开专业媒体，否则就没有话语平台。我们建筑设计界现在有些怨气，比如传统建筑保护不利，建筑方案不被认可等。我倒想说说自己的经历，因为工作性质特殊，我经常参加党校学习，见到很多大企业的老板，他们都是建筑方案最后的决策者。我发现他们中有很多人非常热爱建筑，甚至到了痴迷的程度，他们并没有经过正统的建筑学教育，但是在某一方面的专业知识甚至比建筑师充足。因为他们经常出国考察，见到了非常多的国外先进的建筑设计作品，视野很开阔，他们会跟建筑师说："我想要英国式的建筑立面，法国式的内部装饰风格。"当然在建筑师听来这是很外行的，但是我想他们是在用外行的话表达对建筑的专业的期望。建筑师怎样用专业知识、用职业精神去引导这些决策者，是非常重要的。由此我又想到对社会公众的建筑知识普及教育问题，国外公众对建筑的认知能力非常强，这方面我们国家很薄弱。建筑师和建筑媒体在把好的作品传递出去的同时，还肩负着对公众的建筑知识进行科普教育的责任和义务，尤其是对广大爱好建筑的非建筑人士的教育和引导。建筑师自身在做好设计之外，也要和媒体合作，让社会对建筑有正确的认识。

郭卫兵（河北建筑设计研究院有限责任公司副院长、总建筑师）：

相信建筑媒体在每个建筑师成长过程中都起到过重要的作用。我记得《新建筑》杂志里有这样几句话，对我的执业经历影响很深：“（在建筑设计中）……平台是为了看得远，草地是为了想得深……”我想了想，所有建成的公共建筑，都少不了这几个元素。所以我认为，我们很多知识的汲取都是通过媒体，走进建筑师的内心，媒体的力量在我个人身上是很好的验证。在当今时代，纸媒将会以更高的层次和形态出现，读者仍然对畅销书趋之若鹜，建筑类的书籍同样也可以取得这样的成绩。当然，在新媒体时代，纸媒也应该积极应对形势的变化。其实，我心目中理想的杂志应该是薄厚适中，有精美的黑白照片，装帧时尚，富有浓郁的文艺气息，可读性强。它们可以同其他时尚杂志一同出现在机场和时尚书店中，供公众阅读。另外，建筑媒体是不是可以与高校合作，专门开辟展示专业建筑杂志的空间，不定期举办交流活动，邀请知名建筑师利用建筑传媒的专业优势帮助同学们解决学习中的问题呢？

张宇：

刚刚有几位建筑师提到了建筑师负责制，现在建筑行业普遍反映国内的建筑设计市场环境、制度环境、社会环境还不太适合建筑师负责制的全面推广，但是我想既然相关部门在大力推行，作为建筑师还是应该积极响应予以支持的。因为这项制度的出台说明建筑师群体在中央层面已经引起了重视。另外，为了防止施工碎片化的施工总承包制度和防止设计咨询服务碎片化的全过程咨询制度也在推行，这两个制度的执行，建筑师在其中起到极为关键的作用。在项目建设中，业主、施工方和实际咨询方将组成三方主体，从这个角度看，建筑师在话语权方面、在自身能力提升方面都会有很大提升。现在国家战略层面的京津冀一体化、“一带一路”、雄安新区建设等重大工程，让建筑师迎来走向世界的绝好机会。建筑大师矶崎新说日本建筑师走向世界在很大程度上依靠媒体的传播。“媒体的力量”论坛已经举办两届，我们应该更为强势地为建筑师发声，为中国建筑师走向世界造势，这也是我们媒体人的使命。今年是改革开放四十周年，改革开放以来建筑师无疑是非常受益的群体，拥有了丰富的实践机会，从开始引进国外的先进建筑设计经验，到现在王澍获得普利兹克奖，中国建筑师在国际舞台上施展的空间越发广阔。我记得在北京有一个房地产项目的宣传语是“用建筑承载历史”。一座城市给人留下最深刻印象的无疑还是一幢幢承载城市文脉、折射城市发展历程的经典建筑。同时，一个个重大历史事件也值得我们回顾，北京亚运会、北京奥运会、上海世博会等，而在历次重大事件过程中，城市的建设水平都迈上了新的层次。再如雄安新区，它现在的建设理念实际上遵循的是首都副中心的经验，而且提出了“千年城市”的口号，这已经上升到哲学的高度。在这一系列的重大事件中，建筑师和建筑传媒都会起到积极的作用。习总书记提出要构建人类的生命共同体的号召。建筑师和建筑媒体应该紧跟时代的精神，不断开阔视野，我们的建筑媒体与建筑师的联盟不应只站在自身立场上，而应站在更高的立意上思考，放眼全行业，思考建立怎样的话语平台。我建议建立一个发起联盟，评选改革开放四十年最有影响力建筑。

（整理 / 苗森　图 / 李沉）

我们与城市建设的四十年·深圳广州双城论坛

编者按：

2018 年 6 月 26 日，在中国建筑学会、中国文物学会支持下，中国文物学会 20 世纪建筑遗产委员会、中国建筑学会建筑师分会承办了“以建筑设计的名义纪念改革开放　我们与城市建设的四十年·深圳广州双城论坛”会议在深圳蛇口希尔顿南海酒店南翼楼（老南海酒店）召开。深圳市建筑设计研究总院有限公司、华南理工大学建筑设计研究院、北建院建筑设计（深圳）有限公司、广东省建筑设计研究院、香港华艺设计顾问（深圳）有限公司、深圳大学建筑设计研究院有限公司、深圳市欧博工程设计顾问有限公司、《中

左肖思　孟建民　徐全胜　倪阳　陈雄　李良胜

覃力　孙剑　许成汉　周文　黄捷　丁荣

陈日飙　韩振平　金磊

国建筑文化遗产》《建筑评论》编辑部协办了本次论坛。《中国建筑文化遗产》《建筑评论》主编金磊任总主持人。本次论坛不仅传承创新文明之火，发时代设计先声，更通过建筑学人的悠悠往事，多彩的创业与拼搏经历，展现当代建筑师独特的改革开放精神与情怀。如果说，改革开放 40 年走出了一条中国特色的城市发展道路，那么建筑师的创新设计是城市化发展之源；如果说，改革开放 40 年的一个重要成就是对资源进行了重新配置，那建筑师恰恰是为城市发展创造一个个“奇迹”的见证者与实践者。本论坛分为“主旨演讲”和“建筑师茶座”两个环节，本文系“建筑师茶座”专家发言整理。

左肖思（左肖思建筑师事务所董事长）：

从今天各个单位代表的主旨演讲中，我能看出大家都取得了精彩的成绩。改革开放 40 年了，我们不仅要看到琳琅满目的城市，还要看到年富力强的建筑师。他们是改革开放培养出来的干将，没有改革开放，怎么会有这么多的建筑设计人才，怎么会有现在的大师、院士？所以，我想改革开放最大的成就，是培养出一批中国本土的优秀建筑师。

在各位的演讲中，让我印象尤其深刻的是孟院士把多位老一辈建筑师做了介绍。由此我想到自己一辈子就是一个草根的建筑师，今年 82 岁，来自湖南一个很穷的农村，和曾国藩是同乡。我读小学的时候，一边读书，一边放牛，还挑水干农活，经历了新中国诞生后设计行业所有的酸甜苦辣，我说我们这代建筑师感到很满足。建筑设计对我而言是自己唯一的兴趣和追求，好像除了这个没有其他爱好，一辈子就干了这件事。

我是个秉持中庸之道的人，却办了我们国家第一个建筑师私人事务所，今天我也简单介绍一下成立过程。首先，我原来在华南理工大学的设计院（当时五个大学成立了设计院，其他四所是华东大学、中南大学、天津大学、清华大学），当时的院长从武汉把我找回来，我跟其他同事把这个设计院办起来。此后三年时间，我又负责了华夏设计院。之后不久我就调到深圳。当时我的领导说，别的人走我都想得开，你要走我想不通。于是我跟他谈了十个晚上，最后才放我走。当时我调离后，是何镜堂院士接我的岗位，何先生也是我们一个班的同学。当时市委主管基建的常委提出来成立深圳市工程设计咨询顾问公司是一个集团公司，里面有规划设计部，第一届部长就是我，其他还有负责开发的、园林的、室内装修的同事。我做规划局局长底下的首席建筑师，我们局长不是搞建筑的，很多事情我跟他一起出主意。有时候市长找他，他就找我，我们一起商量，甚至找设计院同志一起商量。深圳的建筑设计改革在全国是比较早的，但工作条件也是很艰苦的，因为建筑师很多，没有地方住，我住了最小的房子。当时夏天蚊子很多，没有电风扇，我趴在蚊帐里画图。那个时候没有电脑画图，针管笔筒经常漏水，夏天又爱出汗，为了不打湿图，就在手上捆上毛巾，就这么一笔一笔地画。

我为什么搞私人建筑师事务所？20 世纪 90 年代初，在深圳建设中山城，甲方想找一个建筑师专门负责规划，最后就找到我。但做业务得有单位的图章，因为当时所在院不同意提供，于是我把关系转到集团内其他院，办了一个分所，我本身又是中山城筹备办公室副主任，就办了一个分部。但是很遗憾，这个项目没能完成，但队伍已经组建起来了，大家怎么办？所以就下决心办事务所。当时的市领导很支持我的想法，之后深圳出台文件同意办私人事务所，于是我的事务所在 1994 年 1 月 19 日开业了。开业那天，深圳市主管部门领导给我们发了甲级资质证书，我当时很感动。真办事务所，我就要辞掉“铁饭碗”，当年我 59 岁，我说辞职就辞职吧，如果养活不了自己，养活不了事务所，我活该，我就签了辞职报告。59 岁，等于“净身出户”，我这样一个很中庸的人一辈子就干了这件事，也是给大家开了一个头。如果不是我的话，恐怕也没有人想起这个事。20 多年了，我的担子也交给后辈了，我还偶尔搞点设计。所以，现在唯一一点就是我还是老而未休，还在做设计，还出差。我虽然作为老朽，年龄可能是大家父辈以上的年龄了，但我创作的梦还在继续，设计的兴趣还没有降下来。所以，感谢邀请我来参加这个会，能跟少壮派年轻建筑师在一起交流我感到非常高兴。

孟建民（中国工程院院士、全国工程勘察设计大师）：

左总讲得非常精彩，我们听得还不过瘾，一会儿还要多听听左总对早期改革开放深圳建筑设计行业发展历史的演说。那时候应该说是很艰难的，我非常钦佩深圳早期的创业者那种创业精神。我感觉现在虽然建筑设计行业越来越规范了，但是那种闯劲、那种创新意识明显在减弱。我们真应该好好地总结一下这 40 年走过来的历程，有利于激励当今在一线的年轻建筑师们。在座的还算是中青年建筑师，我们这批人要接受老专家、老一代建筑师们的激励，他们当时不顾一切地向前闯，换来了现在深圳建筑设计市场的突出成就。左总开全国之先河，开办私人事务所，走过的路也是很艰辛的，因为民营和国营还是不一样，但是左总有自信，通过自己的技术、能力、实力来证明，民营设计事务所不仅能够生存，能够创造出很多好的作品，而且能成为品牌，这点对我们是非常好的激励。在座的专家代表着各个方面各种特色的设计机构，有几位更是全国工程勘察设计大师，我们更需要传承老专家、老建筑师们这种创新、创业精神，我很受感染。

实际上改革开放 40 年一路走来是很值得总结、很值得反思的，无论是广州的实践还是深圳的实践，我们真的要好好总结一下，有成功的经验，也走过弯路，要总结教训。我个人有个观点，我觉得有时候教训要认真地总结，教训比经验还重要。我经常讲，每个人每天做的事情都是做正确的事情，喝水、吃饭、走路都是常规动作，但如果走着走着一下掉坑里了，这就是教训，你能记住。如果走得很顺利，你总是记不住。吃饭让鱼刺卡着了，你就记住那天怎么痛苦。我现在就让我们院的老总们收集工程失败的教训案例，成长不可能只有成功，还要总结教训。

整整 40 年过来，在竞赛、评标、评优的过程中，我们团队有时候觉得自己做得不错，可结果连入围都入不了，在座各位可能都有这种经历。自己认为非常棒，认为得第二都很屈，结果却没入围。这里面情况很多，非常复杂，除了人为因素，也有可能是评审观念不行，比如这批评委和创作人员的观念是两条路子，这是价值观不同导致的。还有可能是水平低的评水平高的，遇到这种情况，我就会有种“小学生评大学生作业”的感觉。同时还有一种情况，评的结果确实是很公正的，自认为很好，但是人家的更好。每个人对自己的作品都有一种感情色彩，自己孩子自己爱，觉得自己做得不错，当时也是心里不平衡，抱怨一堆；经过几年以后再想想、再对比对比，中标方案确实有闪光处。所以，这些事情是错综复杂的，不能一概而论，不能说一评不上就怨谁。我现在对于评标、中标和落标都看得很淡，不像过去费了半天劲最后一听说落标了垂头丧气的。下次继续努力就好。在座各位专家应该有很多 40 年走过来的体会和经历，大家可以畅所欲言，交流一些好的观点、好的经验或者经历过的痛苦和教训。

李良胜（深圳市勘察设计行业协会秘书长）：

我代表深圳市勘察设计行业协会对北京以及广州与会专家的指导工作、传经送宝表示欢迎和感谢！这里谈一下深圳市勘察设计行业协会在行业自律、行业管理这块的一些工作，介绍一下跟其他行业协会不太一样的地方。

在住建厅、住建局政府部门的主导下，粤港澳三区成立了一个大的设计联盟，包括广东省协会、广州协会、深圳协会、香港协会、澳门协会五家协会，在最早的倡议者孟建民院士的倡导下，成立“粤港澳大湾区设计联盟”。2018 年 3 月 9 日召开了论坛，并召开了三次联席会议，组织进行了 Logo 的设计竞赛。这个联盟将来可以形成大湾区设计的力量，对我们参与“一带一路”的建设、做好大湾区自身建设都是很有意义的。欢迎兄弟省市的建筑师们来岭南参与大湾区建设。

总体来讲，联盟建设是三地的一个重要平台。目前，我们在建设一个信用体系，旨在将来和政府部门的信用评价联合起来。行业协会和政府的评价联合起来，会员单位和非会员单位都在信用评价范围之内，对于大家说的低价竞争等类似情况将来都是有制约手段的，我们会把我们的评价结果反馈给住建局，可以纳入到整个评价体系里去。良好的信用我们可以评，不好的信用我们也可以评，总而言之政府的评价和我们的评价结合起来，将可以聚合政府和我们行业协会的力量，规范行业整体的企业行为，尤其对低价竞争的，包括有些个别企业败坏我们行业声誉的，我们都会对其扣分。我们也有一些增加大家信用评分的措施，像主动参加论坛活动的，我们要加分，承办活动的，我们叫良好积分。我们在微信群里已发过类似通知，从今年开始要积分，以后类似活动都是要加分的。将来有分数，公布在网站上，跟政府工程招投标挂钩，社会投资的项目，可以参照它的分数，但不能强逼人家。信用评价一般政府做，行业协会进行信用评价如果不跟政府挂钩的话就没有用，所以说这一举措还是有特别之处的。

深圳还准备做一件大事，也是孟院士提议的，住建局领导已经口头同意了，深圳市委宣传部正好也在做类似事情。深圳市也准备评设计大师，好多门类，勘察设计只是其中一个。省级勘察设计大师刚评完，我们将来要学习这个。政府有些奖励、有些相关的优惠政策会跟荣誉挂钩，如果别的行业都评了，我们没有评的话，我们将来要吃亏。

我们协会承接了政府很多职能，包括职称资质、预审、日常的质量检查、注册管理日常事务都是我们行业协会在做。总体来讲，我们协会是在搭起政府和企业之间的桥梁，面对企业的困扰，包括建筑师的一些诉求，我们都可以反映到政府部门去，这点也是有特点的。

《世界建筑导报》| 深广双城论坛：倾听建筑师改革开放40年的记忆与畅想

世界建筑导报 世界建筑导报 7月14日

WORLD ARCHITECTURE REVIEW 世界建筑导报

以建筑设计的名义纪念改革开放 | 我们与城市建设的四十年·深圳广州双城论坛

《世界建筑导报》对本次会议的报导　　论坛会址：深圳蛇口南海酒店

我们行业协会还有一个特点，编制了深圳市地方相关的技术标准，做了很多课题，比如针对深圳市的勘察设计工期定额制定了标准，勘察设计定额应该是全国第一例，包括合同范本、招投标范本也是我们做的课题。技术标准，如海绵城市、BIM，一些相关的规范也是我们在出。

我本人不是建筑师，但是我对建筑师充满敬意。从建筑设计行业来说，建筑师是主力军，为我们城市的建设，为我们行业的发展做出最重要贡献的应该就是建筑师，在座的各位就是其中的佼佼者。我感觉对我们建筑师来讲，有很大一部分企业可能目前对传统创作这块抓的比较多一些，怎么接到活儿，怎么以创作来赢得项目，好多领导重视这个比较多。我觉得从近些年来看，实际上创作是一个重要的手段，但是我感觉有些新的动向赢得项目的可能性更大。第一，建筑的新模式，包括建筑师负责制、全过程工程咨询，政府主导、倡导的新的建筑模式。说实话，在这个方面全国差不多都是刚刚起步，真正能具有做三种新模式能力的设计院确实很少。我不知道是不是所有大院都重视这个问题了，如果有这个能力、精力或者确实重视这个问题的话，早点培养综合性、复合型的建筑师人才确实很有好处，因为这个可以帮助大家接到更多项目，而且接到的项目更大，甚至是全过程的，这点非常重要。第二，新技术对我们的影响。作为传统设计院，很多新技术是必须掌握的，千万不要分包出去，因为很多涉及长久国策，如海绵城市、绿色建筑等，虽然没有太大的产值，但如果没有这个业务，一些设计根本做不了。第三，深圳市设计企业对明星建筑师、对企业的宣传确实不太重视，项目、个人、企业的宣传需要一个很好的平台。我认为我们作为企业来讲，多参加论坛，包括主动参加评选等活动，都是提升自己知名度的途径。

倪阳（全国工程勘察设计大师、华南理工大学建筑设计研究院总建筑师）：

今年是改革开放40年。我的发言将以2000年为第一个分界点。我觉得大部分国内建筑师在2000年之前是抓什么就做什么，看到什么就用什么，那时候还是形式在主导一切，而形式本身又是很片面的，建筑师没有深入思考为什么做这些东西。比如，深圳当时有很多玻璃幕墙出现，广州也是类似的情况，国际式的东西不断涌入，可人们没有什么思考，也来不及思考。到了2000年之后，2001—2010年这十年间变化特别快，感觉我们院跟日本、跟美国开始合作后，进步特别快。另外，我们派建筑师过去学习，在做设计的过程中，觉得慢慢明白过来了，好像突然摸着点门道了，开始知道怎么做了，通过系统性的做事方式我们慢慢成熟起来。我们院有一点比较好，何院长一直强调搞创作要有精品意识，当时意思是说要做自己的东西，不能光跟人家学。我们的作品除了几个是跟别人合作的，基本上都是原创。从2005年开始，如2010年左右的南京大屠杀纪念馆等一系列东西都是在这种思想指导下，在跟别人学习的过程中开始进行原创设计的。当然，这也得益于我们的人才培养，每年都是最好的学生留下来，我们的硕士、博士特别多。但这样也导致设计院发展出现一个很大问题，人才结构呈“倒三角”，没人画图，很多设想无法落实。

到了2010年之后，设计行业进入爆发期，而且很多人开始从国外归来。中国建筑设计行业的发展跟中国改革开放的历程差不多，开始好像不知道怎么走，大家就混着，混着混着发现点苗头，觉得这样做还行，后来有点心得，缩影到建筑行当也是类似，对整个设计来讲，我们的实战经验其实比外国人强很多。我也在外国待过，我发现国外设计师的脑子比手领先很多。很多建筑师一直在发展他的理论框架，可能二三十年都没有实践过。现在让他做，他实践不了，落不了地，不知道怎么表达，手法还停留在20年前，可思想已经很先进了，他做出来的东西就很奇怪。但中国反过来，手比脑子走得快。中国现在的发展，比如中国软件、电脑、手机这些，我们的基础研究包括我们领先的观念还是受制于别人，但我们的生产装配比别人强。这里的差距表现出来就是走到一定程度不知道怎么走了，因为没有基础研究，没有思维上的更新，没有把它变成体系、变成一种主张，更不用谈什么主义了。我们现在发展这么多年，也做了非常多的东西，也还算做了一些比较好的建筑，但其实想一想，我们的很多理念、手法都是从外国引进来的。其实我们从中国的发展里能看到一些缩影，如果继续往下走，我认为这方面还要加强，形成自己的体系，形成自己的理论，形成自己的一些手法。每个人都会有自己不同的理解，都是从不同方面去理解建筑，所以大家也会回过头思考，我觉得还是很重要的。因为有些思想一旦突破了之后，可能就完全不一样了，就像我们以前哪会用景观做建筑？完全在另一个系统里看这个问题的时候，解决问题的方法可能完全变了。这 40 年来发展确实很快，我们会有一些思想、体系或者其他方面的突破，当然也包括技术，那些是外在的技术或者材料的突破也很重要，可能会带领我们再走几十年。

黄捷（北建院建筑设计（深圳）有限公司董事长、总建筑师）：

我 1989 年研究生毕业，所以 1988 年我就找工作了。那时候的人都很向往南方沿海城市，都是往广东跑，我就先到深圳，后来又到广州。我的一个师兄说广州珠江外资建设总公司很好，我就拿着简历去应聘了，最后毕业去的就是珠江外资建筑设计院（简称珠江院）。珠江院应该是广州改革开放的窗口单位，总承包白天鹅宾馆，开创了中国对外总承包的一条新路。白天鹅宾馆、中国大酒店、花园酒店、天河体育中心全是我原来所在单位总承包的。那时候我们单位非常牛，一说到珠江，在广州无人不知，无人不晓。从那时开始，到明年应该是整整 30 年，这 30 年见证了中国最波澜壮阔的发展过程。我记得珠江院参与了深圳大剧院的施工图设计，我们有十几个人在驻场，我也曾到过工地。应该说广州的团队做深圳项目也不算特别多，可能广东省建筑设计研究院做的多一些，我们还是市属单位，好像就做了这一个。但是，到了 20 世纪 90 年代，整个形势变了，我全过程参与了好世界广场，从方案设计到施工图绘制。当时我跟着莫伯治先生，他那时是珠江设计院的名誉院长，他也对这个项目比较感兴趣，其实当时整个建筑的构思是他提出来的。我跟着他跑到香港去参观那些写字楼，得到岭南建筑前辈很多指点。但我觉得对我人生最大的一次提升是我 2000 年考入了华南理工大学建筑设计院的博士，师从何镜堂院士，真正地加入到岭南建筑学派的体系里。我觉得这个过程对个人的提升非常大，通过跟我们老师、同学的交流学到非常多的东西。

所以，首先感谢改革开放给了我们迸发的机会。此外，感谢我们所处的地方，广州也好，深圳也好，非常的开放，非常的包容，才能让建

建筑师茶座现场

筑师有一系列机会创作非常多的建筑。后来为了找到一个跟我的追求更契合的单位，我们的团队在 2014 年加入到北京市建筑设计研究院，我这个团队整个发展过程跟整个时代发展也是契合的。所以，我觉得在北京院的四年还是比较愉快的，因为我们的价值观比较一致。我们原来主要在广州，但是从今年开始，北京院想让我兼任深圳院的董事长，后面可能要在深圳干点事，所以今天特别高兴有这个机会能够跟深圳这么多同行交流，其中很多也是我的老朋友，希望大家以后多沟通，互相提高。

丁荣（深圳市欧博工程设计顾问有限公司董事副总经理）：

我 1992 年研究生毕业，从城建院分配到深圳。后来不久我就师从左肖思总，实际上我们是最先接触城市综合体这种类型的项目的，因为当时深国投开始跟凯德置业合作，和沃尔玛一起打造城市综合体。那时我才知道一个建筑师做一件事要面对非常多的错综复杂的问题，我从左总身上学到很多东西。后来的十年我才到了欧博，非常幸运的是，在基建最不景气的那一年，也就是 2008 年，我们接到贵阳国际会展中心项目。那个时候一百万平方米规模，要在一年多时间完成设计，面临的困难和压力是非常大的。但就是改革开放这样一个背景给了我们这样的机会，也锻炼了我们这样的公司和团队。所以，我们也在整个过程中收获了不少。后来的项目也越来越多，我们也跟很多国际大牌公司合作，在这个过程中，确实学到了很多东西。

但是，我有个体会，改革开放 40 年，的确锻炼成就了本土设计师，本土设计师应该有足够的自信来面对一些复杂的本土的项目。我认为很多社会媒体对建筑师个人的宣传、企业的宣传还是比较弱的。所以，我们本土设计师通过 40 年锻炼完全有能力去面对很多问题，同时我们的设计价值也要被市场认可，特别是在一些国际投标项目里，可以看到我们的设计费跟国外设计费差距太大。一些大型项目也面临这种问题，实际上我们本土设计师设计团队所做的工作界面完全超过了原来合同的界面，但是我们的付出和我们的设计费完全不匹配，希望粤港澳设计联盟在这方面多多发声，团结在一起，让我们的设计价值被社会更广阔的层面认可。

陈雄（全国工程勘察设计大师，广东省建筑设计院副院长、总建筑师）：

我记得 1978 年改革开放时我高二，以《实践是检验真理的唯一标准》文章的发表作为起点，引发了全国思想的解放，也掀起了开放的大潮。拨乱反正之后，出于对学习的渴望，我 1979 年考进了华南理工大学。我属于出生在广州，读书在广州，工作也在广州的典型广州人，我的形象也是典型的广州人的形象。我的大学教育是比较全面的，除了建筑专业课程之外，学校对于结构、构造、施工这些也都非常强调，大学时候还专门有施工的实习，去工地做。我们华工有一个工地，老师会带着我们去实习。实习的时候我感触很深，读书学到的知识与施工相联系，感受施工过程和设计过程如何连接起来。另外一个感受是华工整个体系很现代，有些先生从外面留学回来，让学生们得到了国际化的知识。我感受到现代建筑强调功能，形式服从功能，当时还特别受到莫伯治先生的影响，庭院设计的手法很多样，建筑围绕庭院做，那种感觉自然而然地形成了地域手法。

到了 1983 年我大学毕业，又读了林克明先生、郑鹏老师两个人联合招的研究生。我想讲讲我的导师。林老出生于 1900 年，我读书时林老 83 岁，他老人家 20 世纪 20 年代就去法国留学了，读了中法里昂大学，师从一个比较出名的法国建筑师，留学回来以后创办了勷勤大学（广东第一所大学）建筑系。后来他去了中山大学，之后又到了华南理工。他在自己的回忆录中说，他认为建筑学应该跟实践相结合，因为法国的建筑有两派，一派是美术感很强烈的，另一派是和实践相结合的。后一派可能受到现代建筑的影响，他更倾向于这派。后来创办学校的时候，他的方针就是建筑既要有建筑特征，同时也要修结构等学科，培养全面认知的人才，这个体系一直延续了下来。当然，中间很多很好的老师，包括留德、留日的老师都到了华东这个体系下面。当时林老虽然头发全白了，但身体挺好。那时候他是设计院的第一任院长，陈开庆老师是副院长，郑鹏老师是总建筑师。上课的时候，林先生看书要用放大镜，因为眼睛不太好。我们读书时做课题一般时间比较长，一个学期做两个设计，一个设计可能好几个星期。因为林老在设计院，我们就跟着他读设计院的研究生。对我触动很深的是，有一次一个实际项目要我们去做，我花一个星期画了一个总图，他一看，就几个线条，他说这怎么行，我们的节奏不可能是这样的。那时我才了解到设计院跟读大学是不同的，老先生都 80 几岁了，他这么一说，我心里压力很大，没办法，回去赶快做了一个设计，再给他看，觉得还差不多。读书和设计院生产之间的差异还是很大的，这种实践对我们也是很好的训练。

我另外一个导师郑鹏先生，做医院设计比较多，他画的那些工程图纸很仔细，也深深感染了我。1986 年我毕业以后，就到了广东省院，到现在 30 多年了。在省院我有机会跟着郭怡昌大师做一些事，郭总跟何先生是同一批建筑师，他设计的深圳图书馆是深圳的八个文化建筑之一。后来我有幸跟他做北京的项目，就是工艺美术馆和北京的陶然宾馆。郭大师很善于将一些原形结合到他自己的创作里，非常善于融合。那时候虽然可读的资料很少，但他看了很多从外面找来的书，吸取了后现代派的风格。每个项目一来，他脑子里马上闪现一个契合这个项目的原形，在这个基础上又发展，把他自己很多个性的东西放在里面，确实很有逻辑。后来改革开放，我们跟着郭总做一段时间以后，1992 年邓小平同志发表南方谈话，城市建筑设计又繁荣起来了。广州市在 1998 年左右的时候有几个项目推出来，一个是白云机场，一个是广州体育馆。那时候通过国际竞赛，广州体育馆中标的是安德鲁；新白云机场引进国外事务所进行竞赛，搞中外合作，让我们在这种大型复杂的公共建筑方面积累了一些经验，包括大跨度的结构、大空间的基建，还有很复杂的交通工艺流程等。这些跟以前我们做的混凝土结构相差还是比较大的，从那时候开始我们有了这样一些机会。

到了广州亚运会的时候，我们终于有机会完成独立的原创，而且完成度也比较好。亚运会有这么一个契机，即从一种合作到实现一种原创的突破。后来又变成另一种中外合作模式，业绩慢慢又分开了，甲方希望把方案交给老外做，再找一些国内团队绘制施工图，特别是大型的开发公司喜欢这样做。当然，我也很感谢广州市政府，我们和华东建筑设计院两家属于独立的，其他六家全是中外合作，有时候政府也希望全是中外合作，所以中国建筑师在这种状况下有合作、有原创。这个过程走过来以后，我们逐步地在合作里占据了更加多的统筹、主导、主创的地位，我们院走到这个位子上，得益于改革开放的机会和机遇。

应该说从读书到现在经历了 40 年，整个社会不断向前发展，当然我们也希望我们的行业越来越好，但也面临行业的一些困境和问题。确实，现在我们有一个错位现象，即三角形错位：设计院整天想着搞施工总承包，施工企业整天想着去做业主，开发商整天想收购设计院搞设计，为什么是这样？各自干好各自的事，才是最好的社会分工体系，这样才是“百年老店”的做法。但是，有时候设计院也是被动的，社会的发展，政府政策的导向，或者整个行业的需求，我们也要适应，包括新的业务形态，民营企业好像相对会受到一些限制。但是，无论怎么样，回到本原，我们要做好我们的设计，体现出应有的价值，这样的话才能长久，否则的话，我们可能只是把底子做大了，设计水平是不是提高了？未必。你可能只是做了一些设计以外的事情。但是总建筑师负责制这一整套体系，对于设计从构思、源头策划一直到实施，也许是更好的，可这条路比较漫长，需要慢慢地摸索，我们如果有这样的机会，也乐于尝试。我们也经常跑工地，可如果机场项目，让我们做全部管理，估计也够呛，人家一两百人，我们没有造价控制的人才根本不行，必须有一些制度、体制保障才能走好这条路。

覃力（深圳大学建筑设计研究院有限公司总建筑师）：

今天上午孟院士把深圳这 40 年来建筑师们做出的贡献和深圳市建设的状况做了总结，我觉得他们做的工作特别好，特别是这点，我们应该向华东院学习。华东院那边在总结历史方面做得非常到位，像对岭南建筑的梳理和总结，还有在中国建筑教育方面以及岭南学派在整个中国建筑教育方面的地位和作用，我觉得做得相当好。反过来说，我们深圳这边这类工作相对做得少。现在深圳建市快 40 年了，我觉得应该做这方面的总结和研究，而且这 40 年正是中国改革开放以后建设行业飞速发展的时期，应该说特别是近一二十年来，设计水平提高得很快，深圳作为一个改革开放的前沿阵地，总结的工作应该做。

我因为一直在学校里工作，学校的教师还有一个任务，必须得做科研。我前几年也想过这一类的事，所以也从不同的角度对深圳的建筑发展历程做了一些总结工作。金磊主编提到的中国 20 世纪建筑遗产的相关工作，使我联想到前不久国家文物局来了一位领导，就是要选文物保护单位，以往都是古建筑，选的全是古迹，但是现在他们也开放了，要把新建筑也纳入到文物保护单位评选范围内。上次在深圳开了一个座谈会，我也参加了座谈会，当时谈了谈深圳的建筑，深圳没什么老建筑，当然也不能说一点没有，有一些民居，可是这些东西要放到全国古建筑里，算不上等级高的古建筑，但还是值得保护的。

另外，我想说说深圳大学设计院的特殊之处，虽然也是国有设计院，但基本上在设计第一线的全是学院的教师。这么多年来，从设计院 20 世纪 80 年代成立到现在一直是这样。原先没有学院，就是建筑系，系主任都兼设计院院长，而且主创建筑师都是两边兼着，这边做教学，那边做设计，一直到现在也是这种状况。我们以教师为单位，成立一个一个的工作室，相对于真正的设计院来讲，我们都有点像草根大队，是每个老师自己带着一拨人，有的时候带着几个学生，也有的会雇正式员工，一个小团队一个小团队地做设计。这样的话，和教学结合得比较紧密，当年没有画图员的时候都是美术老师帮着画效果图。还有一个好处，针对教师来讲，参与实践的机会多。我毕业后有段时间留在天津大学教书，后来才来到深圳大学。我发现一般学校设计院和学院都是两回事儿，各干各的，基本没有太多的交流，深圳大学这点好，给教师提供了创作的机会。不好的地方是一个个小团队太过分散，形不成合力，跟其他大院很难竞争，我觉得这一直是我们院的一个弱项。当然，我们院的目标定位是不只追求数量和产值，可是从另外一个角度来讲，有的时候也不能完全这样随性，一点都不追求经济效益也不行，所以我感觉我们其实也面临着改革。这两年有一个变化，教育部有硬性要求，学校一定要和企业分开，所以，原来一个人兼两边院长的情况就不允许了，学院院长就是学院院长，设计院院长就是设计院院长。但是，因为有一个惯性，从成立到现在，这拨人还是一拨人，没变化，还是两边同时做，只是现在院长分开了。可是以后就不一样了，因为对教师的评价标准和对设计院人的评价标准不太一样，这导致以后可能会有挺大的变化，到底将来会怎么样我也说不准。

总体来讲，我们院的创作面临两个瓶颈，一是不太愿意跟境外的公司合作，至少没有主动地跟人家合作，都是比较强调自己原创。当然，这对教师来讲有好处，教师们能够把自己的想法付诸实践，可是也有不利的地方，就是失去了跟国外交流的机会。如果更多地跟境外高水平设计单位交流，其实应该有蛮大提高的。二是以前都是草根大队，竞争力

在香港华艺设计顾问（深圳）有限公司考察（摄于 2018 年 6 月 27 日）

不够，所以导致做的很多都是中小建筑，重大项目参与的机会不多。我觉得这应该是我们今后的努力方向，应该有所改变，不能总是这种状态。

孙剑（香港华艺设计顾问（深圳）有限公司执行总建筑师）：

今天我们所在的南海酒店是陈世民大师的作品，我跟随陈大师学习了很多年，来到这里也挺有感触的，很怀念陈大师。陈大师其实是走在市场设计的最前沿的具有开创意义的设计师，尤其当年刚刚开放的时候，他的市场理念就特别强，市场换位思考的方式也很独特，善于站在甲方立场考虑设计。很偶然的机会，我们华艺设计又成立了一个医疗事业部，现在我负责医疗事业部。我经常开玩笑说："我干了一辈子所谓助纣为虐的事情，现在终于能做些对人民有点贡献的事情了。"反过来看，其实很多时候我们走过的路都是给未来的积淀，这种成长挺好。改革开放 40 周年，之前懵懵懂懂的，经历了 40 年建设，理论水平也好，设计水平也好，确实跟以前不一样了，今天听了那么多大师的演讲，我觉得收获挺大。

周文（广东省建筑设计研究院副总建筑师）：

今天的会议主题是改革开放 40 周年，其实我们才刚刚感受了一半，20 年左右。我刚毕业进广东省建筑设计研究院（简称省院）之后就一直没离开过省院。我只是一直听说郭怡昌大师很厉害，但一直没有见到过他本人，非常遗憾，只能从作品集里认识我们最尊敬的前辈。他的专著很震撼，特别是平面手稿，给我们专业上的影响非常大。现在再翻开他的著作来看，我觉得里面还有很多构思能够启迪到我们。上午的会上陈院长提到了这个前辈，是我们省院非常值得尊重的一个大师。另外还有一位前辈，就是今天见到的左肖思老师，我第一次见到左老师是在胡总的追悼会上。这次会的主题是纪念，还是要说点怀旧的事情。当初我进省院直接就到了一个创作室下面，在胡总手下干活。当时我们进去的时候，正赶上整个建筑设计市场进入了一个新的局面，今天上午陈大师讲到了，是一个合作的阶段。我在胡总手下的最开始几年一直在投标，都是跟国外公司做合作的标，从广州的大剧院、会展，到后面的花园广场、中轴线等一系列都在做。当然，也有一些落地了，像花园广场就落地了，虽然我们没中标，但参与了里面的一些设计。我觉得那段时间正好就是我们从开放走向合作这样一个阶段，过了那个阶段之后，我就到了深圳，去年回到总院。南海酒店旁边的希尔顿新楼，包括后面的海上世界，那一大组建筑物我们院都有参与，那个也是一个新的阶段，我们从跟境外事务所合作进入到更深入一点的合作，有很多项目，我们当时是总协调。南海酒店，我们在读书的时候是非常喜欢的，它给了我们最深刻的感受、最直观的学习。

我也记得好像在 2002 年的时候，海上世界所在这个片区做过一轮城市设计。当时在《世界建筑导报》杂志上登过几个不错的方案，我记得其中有一个仿照威尼斯水城设计的方案还不错。今天看来，我觉得其中任何一个能够实现的话，都会比目前的这个状况要好。这引起另外一个让人反思的话题，我们前 10 年做的很多建筑物还是太过于抢眼球，所以从我们这 10 年从业经历来说，我觉得很可惜，也很遗憾。今天借这个会议，我希望翻开新的一页，纪念过去 10 年，不能说这组建筑物奇奇怪怪，但肯定是抢眼球的。另外，处于我们这个阶段，确实很亮丽、很地标，但是总是让我感觉有点遗憾，缺少了一些协调，缺少了一种很和谐的感觉。我们还得展望新的 10 年，展望未来，作为建筑师，要为我们城市设计、城市建设贡献更多。

金磊（《中国建筑文化遗产》《建筑评论》主编）：

我们今天对 40 年建筑设计改革的回望，是敬畏，是反思，不能仅仅是热热闹闹，有的人纪念一些东西就是热热闹闹。为了做这个活动，学会领导跟我说，现在改革开放主题非常重要，但是同时也特别敏感。我说："咱们是让大家去回望，使我们的设计做得更加精彩。"这是我们的目的，因此他们觉得要做这样一个活动特别好。所以，我们应该更多总结用什么方式纪念，我们在回望中发现了一些什么问题，最终对中国城市建设有什么好处。在座的很多人还很年轻，再过 40 年，你们身体都还很好，能够再看看 40 年以后的深圳、40 年以后的广州。

许成汉（广东省建筑设计研究院深圳分院副院长）：

到今年我工作了 21 年，跟周文总是同班同学，其中头 10 年在深圳，后 10 年在广州，实际上我也是跨越双城发展。今天出现一些很有趣的事情，比如我回到广州，因为我家在广州，但"朋友圈"里经常说我是深圳的；我到深圳这边，朋友们又认为我是广州人。所以，也很荣幸今天的双城论坛给我一个来交流的机会。实际上我在深圳度过的头 10 年，也是一个很特别的经历。我 1996 年跟陈世民大师实习，很荣幸在 1997 年进到省院，我们是带着崇拜的心情进入省院的。当时接到通知是让我到深圳来，那是 1997 年，其实刚开始心情是比较差的，好像被发配边疆的感觉。我们当时整个团队是在老城区。我们头 10 年也参与了深圳的建设，当时深南大道一直到上海宾馆，我们骑着单车到那里，觉得那就是深圳的尽头。刚开始深圳分院的团队只有几个人，有时候熬夜加班总会望着地王大厦，它代表着深圳的城市脉搏，也是最有希望的地标，借此鼓励自己和团队总会有机会为这个城市做一点贡献。今天，我们在两个城市里不停地参与城市建设，最初从深圳罗湖区开始，参与了华润的万象城，深圳第一个综合体，接触了一些综合体的做法，也接受了境外单位的合作。

后 10 年，由于家庭的原因，我回到了广州，但是在深圳的工作经历对我影响很大。因为深圳相对来说是比较年轻开放的城市，也引进了很多新的城市管理方式，引进了很多很先进的设计理念，我学习到很多东西。后 10 年我在广州，实际上也参与到广州现在几个大片区的设计跟城市建设中，包括广州一些村的改造，还有金融城的建设，包括一些地标性的建筑现在都在实施跟建设。

最近这几年我也有幸参与到珠海横琴那边的建设，从 1997 年香港回归，从深圳出发，到广州，到珠海，真的是大湾区的发展。我很幸运参与其中的工作，让我们在学校学到的理论、手法可以实实在在地实现出来，今天也很荣幸有这样的机会听各位前辈讲以前的一些故事，我很仔

以建筑设计的名义纪念改革开放——我们与城市建设的四十年·深圳广州双城论坛部分嘉宾合影

细地聆听了在座一些前辈非常细节的生活点滴，我会把这些收获带回去，跟我的团队一起分享这种执着的、专注的追求。我工作 20 年，从做设计，慢慢到技术管理，然后到经营管理。我们目前面对的很多事情，除了设计这块，其实还有人员管理，我们面对很多“95 后”的员工，我们面对很多“90 后”的职业经理人，我们面对很多要求一天内出图的开发商。当然，我们要花很多精力对外、对内，做好技术把关，协调设计费用，争取更多的时间，同时也要发一样的声音，希望同行前辈们能够为我们建筑师，为我们建筑设计行业发更多的声音，让我们的地位，让我们的行业能够得到尊重，也能够给我们一个平等的机会更好地发展建筑设计领域。

陈日飙（香港华艺设计顾问（深圳）有限公司总经理）：

大家的交流，我觉得有几个层面的含义。首先，左总和陈世民大师都是代表“30 后”；今天在座的应该没有“40 后”，广州的郭怡昌大师应该是“40 后”；“50 后”的应该是覃教授、孟院士；还有几位大师都是“60 后”，包括华艺的执行总建筑师孙剑也是“60 后”。这么多不同年龄阶层的人聚集在一起，真的有一种薪火相传的感觉。因为 40 周年就是一个时间的轴线，所以在这个过程中，我们真的感觉建筑师或者建筑设计不管在某个企业还是在整个行业里是一棒接一棒地交过去。我做

PPT 的时候，也翻出了原来华艺出过的一些书，看到书上的建筑师和他们的作品，我非常感慨。我想建筑师最光荣的事情就是能够给社会留下一些可以长久保存的东西，所以刚才金磊主编说我们从建筑师的角度留下一些文化遗产，也是一种价值或者一种力量的体现。

我想到深圳的一句口号："时间就是金钱，效率就是生命。"如果从建筑师的角度看，有一点比较"调侃"的看法，建筑师的时间就是金钱，效率就是"玩命"。由于工作需要，我这几年虽然是建筑师身份，但是还有一些管理工作的需要，我经常有种行业的危机感。因为建筑设计毕竟是传统行业，面对现在各种各样的行业痛点，我们在一起互相交流，解决问题的办法总会比问题多一些。但是，企业发展过程里边碰到的各种各样的问题依然严峻，如国企有一些自己的条条框框，很客观地说，在某种程度上束缚了企业的成长，也束缚了员工获得应有的市场价值。能不能充分市场化？建筑师能不能充分体现自己的价值？这些方面未来可以引发很多话题。但是，如果从整个区域看，建筑师要拿作品说话。我们深广两地出作品的力度和品质，在全国范围内比较，从行业的评奖情况中可以看出一些端倪。从全国评优数量上说，我认为华南这个片区得奖数量比北方区、华东区甚至武汉设计企业而言都处于下风。我当时印象很深，北京市建筑设计研究院的公共建筑一等奖拿了 10 项，二等奖拿了 8 项，各种奖项加在一起总共拿了 53 个。我往下一看，华东院一共 26 个奖，也很厉害的，一等奖拿 6 个，二等奖拿 3 个，加起来 9 个。中国评奖有自己的一些规则，不能代表完全的整体创作的水平，但它多多少少说明问题。我们毕竟在中国工作，有一套体系，比如评大师，包括今年评广东省勘察设计大师，要求必须有行业一等奖或者国优奖等。以华艺为例，陈世民大师后期安心管理事务所的工作，其实华艺相当长一段时间没有大师领衔。在这个过程中，我们只能不断地百花齐放。我今天会上说华艺有一套让各个设计师百花齐放的规则，但是说实话，不让百花齐放又能怎样呢？当然，任何情况下，我觉得都没有绝对好和绝对坏的事情，其实我们行业里就是需要不同企业特质，更多元化一些，走出自己的一条路。我在华艺这么多年，也在大师的指导下做过项目，真的感受到老一辈那种工作的热情和关注，当然还有青年一代大师薪火相传的精神。设计企业靠什么？还是靠人才，人都没了，那也无从谈起，不断提携、推出优秀的中青年建筑师，使我们这个行业不断地有新鲜血液，进而生生不息。我想如果改革开放 40 年有些关键词，那就是开放、自强不息。

韩振平（天津大学出版社副社长）：

今天听了各位专家、各位大师的介绍，感觉深圳发展速度太快了，太神奇了。我想要向伟大的建筑师致敬，咱们应该大书特书，应该认真地总结，这有利于咱们后 40 年的发展，那时会比现在的发展速度更快，发展得更好。我们也一定会出现更多的世界级的建筑，世界有名的建筑师，为中国的发展、中国的伟大复兴做出咱们建筑师的贡献。天津大学出版社实质上也是改革的产物。出版社成立是 1985 年，当时也是借改革的契机，因为在教育建设上单纯地靠国家现有出版社不能满足教学的需求。天津大学出版社尤其愿意为中国的建设服务，出版建筑方面的图书，促进中国建筑业的发展。所以，我们的出版社是以建筑出版为主要特色的，也受到了业界的好评。但对深圳、广州的建筑设计行业发展的总结和推广还不够，作为出版社，我们决心跟金磊主编一同认真研究，总结咱们的先进经验，并更广泛地向全国传播优秀建筑师及其作品。

倪阳：

今天谈的特别多的是广州和深圳的情况，我想再谈谈两者之间的联系。广州、深圳、香港组成“大湾区”，首先香港的相关制度和我们不一样，体制更不一样，很多东西没法一同合作，接不了轨，就像一个靠左行，一个靠右行；广州和深圳也有很多不一样的地方。回到改革开放初期，整个广东给人一种欣欣向荣的感觉，好像大家那时候没什么顾虑，都去赚钱，各方面思想都是最开放的，甚至比现在都开放，真应该思考这个问题。深圳、广州、香港一衣带水，但无形中还形成了一些壁垒，比如我们现在注册的问题，你不在深圳注册，你就不能在这投标，你去广州，也有相关制度阻碍，还是有些互相卡的东西。在这种小区域中，有些机制需要更好地融合，为将来更大的繁荣打下一些基础。

左肖思：

今天大家讲了很多，我还有几点也希望跟同行交流。就“双城”的概念来说，我认为广州在现代建筑方面在中国是开拓者，改革开放后，包括以白天鹅宾馆为代表的一批岭南学派建筑涌现出来，在全国产生轰动。从 20 世纪到现在，我们建筑师大量的精力放在造型上，重视视觉艺术，对于建筑艺术最根本的功能使用和创作方面却缺乏研究。大千世界，我们希望公共建筑有一些特殊的造型，但是“特殊”不可能成为“普遍”，我们每一个运动场都得按鸟巢那样干吗？干得起吗？所以，我觉得我们建筑师还是应该重视功能使用，重视建筑的本质。现在深圳搞了十几年的城市更新，楼一天天高了，GDP 一天天提高了，老板们的钱袋也越来越大了。但是，地面被占领了，除了马路，哪个地方都赚钱，楼盖高了，人在云端生活，跟地面没有接触，没有园林，没有花园，深圳市宜居的条件越来越差了，城市品质实际上在降低。白石洲四百多万平方米一个更新项目，包括 KPM 和香港最顶尖的公司做的城市设计，高层高密度，除了高层高密度还有什么？没有宜居了，没有花园了。而深圳应是花园城市。所以，我觉得建筑师还应该把主要精力放在城市品质的提高、居住环境的提高上，将人的实用功能作为我们主要研究的内容。当然，也得有些特殊建筑，有些建筑艺术方面的创作，这也是应该的。中国这个地方是最锻炼人的，是最出人才的，所以我们不要永远跟着国外跑，别觉得只有外国人才能解决问题。从现在开始，我觉得就应该强调自主设计创作，不要再迷信外国人，我们可以引进一些先进的东西，向他们学习，但是不要跟着人家屁股后面晃，尤其是你们少壮派，都有充分的设计理念和相当的设计技巧，应该自主创作。

另外，现在建筑师要把厚厚的几本国家、深圳、地区的规划都吃透才能搞设计，今天给你文件，明天就要出图，这样能有精力创作吗？还有，评奖的一些方式让人反思。其实国外一个小亭子、一个小东西能得奖，大的东西却不一定得奖。得奖的单位也可以适当宏观些，再有能力，再好，不能你一家得奖其他家都不得奖，这个事情要有规制。我们的一些规矩从管理上把大家“管死”了，把规划设计院和建筑设计院分开的也只有中国了吧，国外都是建筑师，没有专门的规划机构，现在我们把规划、建筑、室内装修、环境分成了一个个单独的东西。很多建筑学校建筑系毕业的学生连房子怎么盖起来都不知道，他怎么画施工图？建筑教育和市场管理完全是脱节的：管理是管好就行了，不考虑创收不创收；规划是越来越详细，为了控制违章，跟建筑师创作捆绑起来；没有创作的余地，照着规划做，有些设计就是规范和计算公式得出了房子，没有其他创作余地；再有，政府的管理，包括我们协会做什么都要过度限制。早年针对深圳的创作环境、工作条件、设计费等，协会都会做很多工作，现在大家都玩“套路”，评标单位、招标公司，实际上拿一点钱，老板叫你评哪里就评哪里。现在房价飞涨，设计费年年跌。在 20 世纪 90 年代，我的设计是每平方米 100 块，现在设计费降到 20 多块，这是很反常

深广论坛现场之一

深广论坛现场之二

的，要是这样国外设计院都不干了！谁去反映这个事？开发商自己组织设计队伍，有时候根本不愿意你做设计。有时候跟洋人那里拿一个方案，给人家画施工图，结果大家都抢饭吃，为了拿到设计，给多少钱都敢接这个活儿，这很不合理。深圳、广州两地建筑师是应该积极合作的，从广东整体都是岭南建筑的角度，我们也应该密切合作。感谢组织方能够把大家请来，这个会是我近年来参加的论坛里最有质量的一个。

金磊：

今天的活动，从上午的主旨发言，一直到最后左老师的发言，都很切中要害，说到了大家最关心的方面。周文院长谈到的关于“纪念”两个字的含义，这也是我这些年在琢磨的事。我们从 2009 年研究抗战纪念建筑，一直到 2011 年研究辛亥革命建筑，期间我们策划出版了《中山纪念建筑》《抗战纪念建筑》《辛亥革命纪念建筑》三本书，这三本书其实是把 20 世纪几个重要事件跟建筑结合在一起，做了一个比较研究和综合分析。改革这样一个事件，如果放到中国历史的舞台上来看，它促成了许多优秀建筑，所以我认为建筑就是纪念碑，建筑师是纪念碑真正的塑造者。纪念改革开放 40 周年绝对有对建筑先贤纪念的含义。今天的论坛是我们“以建筑设计的名义纪念改革”系列活动的第三站，感谢大家！今天在这个氛围里，我屡次被大家的发言所打动，希望我们今后还能有机会再论坛、再交流。

（整理 / 苗淼　图 / 李沉）

中国建筑设计改革开放 40 年的思辨

金磊

2018 年是中国改革开放 40 周年，城市建筑界在纪念并省思改革开放 40 年成就时，更深刻地感悟到：实践发展永无止境，解放思想永无止境，改革开放永无止境。从当下展望未来，尤其从更长远的历史跨度考量，中国建筑界的俊彦之士们，要再推陈出新，不仅需建构一个可容纳“东”与“西”的新建筑文化，更需要建筑设计改革再出发的勇气与思辨。因为这里既有年轮“节点”的记忆，更有建筑师的设计再发现，如在新常态下要找准中西方文化碰撞的“点”；要想到服务建筑师的时代，想到思想敬畏；要把握创作立场与态度的自信与创意；更要使设计与文化在多主体、多样式、多层次的基础上实现建筑创新模式。

一、改革开放“深圳广州双城论坛”的启示

在中国建筑学会、中国文物学会的支持下，2018 年 6 月 26 日，于深圳南海酒店举办“以建筑设计的名义纪念改革开放：我们与城市建设的四十年·深圳广州双城论坛”。笔者在主持词中表达了如下意向：纪念改革开放 40 年是大家的共同心愿，如果说 1978 年 5 月 11 日《光明日报》的《实践是检验真理的唯一标准》一文奠定了改革开放的基础，成为解放思想的“总开关”，那么袁庚在蛇口工业区提出响彻中国的“时间就是金钱，效率就是生命”的口号，便使“敢为天下先”的精神播撒到大江南北。这呐喊，为社会各界开启了改革开放的“大门”。选取建筑设计的名义话改革，合乎省思改革开放 40 年对中国城市带来“进化”的实际。衣、食、住、行是民众生活的常态，它们的变迁反映着改革开放的成就，设计的作用是基础性的。建筑是时代的纪念碑，建筑师是改革开放纪念碑的见证者，用作品、用事件、用理念、用故事回溯足迹，是致过去、敬未来的需要。

2018 年 3 月 29 日在刚落成的北京嘉德艺术中心举办了北京论坛，通过建筑与文博的回望，既有艺术拍卖的改革践行者嘉德，又有故宫 600 年“文化 +”的新探索，建筑设计真正迎来了场跨界对话；4 月 13 日在石家庄举办的第二场改革论坛，围绕媒体的力量予以展开；今日深圳广州两地论坛则是回归到改革开放的最前沿的一次关键“事件”评说。改革开放的事业是奋斗者的事业。建筑设计与酒店业一同成长，共同写就改革开放的先锋历史：

中国第一家利用外资的企业是酒店；

中国第一家中外合作的企业是酒店；

中国第一家引进国外先进管理的是酒店；

中国第一家采用先进企业财务制度的是酒店；

中国第一家打破“大锅饭”推出新用工制度的是酒店；

……

这些“第一”几乎都可找到与建筑设计的关系。1984 年国务院批转国家旅游局的报告，让全国饭店行业学习北京建国饭店，1987 年在世界旅游组织的支持下拥有了中国《旅游饭店星级评定标准》。论坛会址为深圳蛇口南海酒店，它有着 20 世纪 80 年代酒店业“黄埔军校”的美誉；同样，1983 年建成的广州白天鹅宾馆是广州改革开放后酒店设计的标志性作品，2016 年中国建筑学会、中国文物学会已将广州白天鹅宾馆选入第一批中国 20 世纪建筑遗产名录。“以建筑设计的名义纪念改革开放”，不仅可回溯时间的纵轴，也能舒展空间的横轴，让深广两地建筑师在改革再出发中看到挑战并肩负责任。如果说学术的更高标准是建筑师社会责任的思想关怀，那用作品写就的现实语境则是昭示希望与未来。作为一个现实，要看到在“北上广深”的地标建筑中，正在改变过去少见本土建筑师身影的状况。（据 2012 年 9 月 27 日《北京日报》的载文：在国内 19 个地标建筑中，15 个项目出自外国建筑师。尽管如今中国业主也不那么盲目崇洋媚外，但中国建筑师缺少文化上的判断力，设计上忽视细节也是中外设计差距不可忽视的方面。）

论坛先后有 20 多位院士、大师发言，诚如中国第一位以工程主持人名字命名的民营甲级设计单位——深圳左肖思建筑师事务所的现已 82 岁的左肖思先生所言，这是一个老中青三代建筑师共话改革开放设计成就的论坛，它通过评论与反思，通过记忆与回望，表现了建筑师理解改革之力的学术高度与专业深度。中国工程院院士孟建民的主旨发言不仅归纳分析了深圳设计改革的重要节点，还深情地用作品回望了 8 位对深圳建筑设计发展做出贡献的前辈建筑师，他们是设计深圳蛇口南海酒店（1985 年）的陈世民、设计深圳天祥大厦（1995 年）的左肖思、设计深圳大学演会中心（1983 年）的梁鸿文、设计深圳贝岭居宾馆（1987 年）的吴经护、设计深圳向西小学（1984 年）的陈达昌、设计深圳华夏艺术中心（1991 年）的张孚佩、设计深圳南山图书馆（1996 年）的程宗灏、设计深圳特区报业大厦（1997 年）的许安之。孟院士还特别从实验性、多样性、示范性阐述了深圳建筑的基本特点。北京市建筑设计研究院有限公司董事长徐全胜则以“BIAD 在广深”介绍了自 1984 年成立深圳分院三十多年来，与特区共同成长的设计历程，他特别归纳道，建筑是时代的纪念碑，建筑不仅创新还要不忘传承，仅仅 40 年深圳广州的改革已经呈现了城市历史的难忘记忆，反映了深广两地改革文化的积淀，成为城市有形与无形建筑当代遗产的载体，从中不仅见到建筑作品，也可从“见物”中感受建筑师及其生活。全国工程勘察设计大师、广东省建筑设计院总建筑师陈雄以《在地与创新：我们与城市建设的四十年》为题，阐释了在改革开放思想感召下，广东省建筑创作对岭南派风格设计的理念，即结合气候与环境、结合庭院与自然、体现地域气质、源于功能的标志性、集约资源与空间构成、建筑回应城市、持续追求品质、创作当随时代等论题，其中 1983 年完成的深圳图书馆，令与会专家瞩目。香港华艺设计顾问（深圳）有限公司总经理陈日飙以建筑师服务社会与城市的视点，对建筑与城市的关系做了深度归纳：一片区域与土地蜕变、一座城市与高度蜕变、一座城市与生产力蜕变等。上述这些专家的言说，让我们感悟到深广两城发展能有今天，经历了艰苦初创期、业务稳定期、发展调整期。正是设计改革开放之道，为建筑设计研究单位不断迎来原创设计实践及涌现大量设计精英创造了条件，必须感谢这个时代。

二、建筑设计改革开放积淀下的经验与思辨

对中国建筑设计改革开放经验的总结乃至教训的分析是有价值的遗产，重在其特有的“事件”性。城市遗产的保护包括对场所与精神价值的尊重，不论是传承还是重建都离不开揭示文化多样性。改革也并非仅关注各方面的时尚革命，中外建筑设计与城市化，在 20 世纪中千变万化，所以再经典的作品乃至设计思想、管理政策也不是一成不变的，需要在融合更多元素的基础上不断创新。每座城市之所以能被人记住，其理由

各不相同，从建筑师的视野看它是不乏现实的、生动的乃至浪漫的，这里有对建筑史的尊重，更有对城市建筑文化从众心理的依存；有对城市态度的理解与表现，更有对城市建筑的品读与热爱。总之，用 40 年改革之眼，审视中国建筑设计演变“小史”是遗产审视的作为，是建筑评论应梳理的“正果”。据此，我们探讨以建筑的名义，何以展开更清晰观念下的设计创造，何以用文化遗产“事件”之思找到真正的中国建筑国际化前行的策略。

1. 省思设计改革要倡导面向公众的作品

中国建筑作品发展历程证明，唯改革才有建筑师创新的出路，唯改革才有中国城市建设的新貌，其中建筑的“地标”印证了历史：深圳改革的地标建筑是 20 世纪 80 年代有酒店业“黄埔军校”之称的南海酒店；北京的标志建筑属贝聿铭设计的于 1982 年竣工的香山饭店，它是用现代主义理念表现中国传统文化的早期尝试；海南属最大的特区，2003 年建成的亚洲乃至全球高层对话的博鳌亚洲论坛永久会址，表明了中国面向世界的姿态；1999 年竣工的中美合作设计钢结构“宝塔”型上海金茂大厦更成为浦东开发区的地标；如今城市与建筑设计展示的创新与生命力，正在雄安勾勒千年“未来之城”的蓝图。无论是经典建筑，还是一批批成长的建筑师，他们都成为改革发展的忠实记录者，他们在地方特色鲜明、人文元素突出、踏着国际化步伐的中国建筑“地标”的实践中，体现了变革在建筑界的新精神和时代记忆。所以，中国改革开放让世界认识了阔步飞奔的中国城市建设的步履，也是中国建筑师通过文化自信步入世界舞台的开始。由此想到，现实社会中规划设计往往成为实现某些人个人意志的工具。在某些城市，在缺乏深入研究该市发展客观规律条件下，在没有充分评判上一轮规划是非之时，就要求设计师将原规划设计推倒重来。没有掌握城市发展之“道”，何以施展城市设计之“术”，更难绘出城市发展的好蓝图。城市是历史的，绝非仅仅隶属于某个时段，更非某些人。所有人无论是设计师还是管理者都只是过客，所能做的仅仅是城市史中点滴之痕迹，任何人都不该将设计当成施展个人能力和彰显成绩之工具。

2. 省思设计改革要有“事件建筑学”视角

改革开放 40 年城市建设的创新足迹，仿佛酝酿着一种天籁的内在力量，它给经历过改革开放的城市管理者与建筑师一种格局与风范。无论改革开放 40 年提供了怎样丰富的人生阅历与思考，中国建筑作品与建筑师以各种微缩方式呈现的每一小步进展，都是中国建筑界发展的一大步，因为每一寸前行都凝聚了向上之力。“事件”可以是一次行为、一种使用或一项功能，而事件建筑通过空间的设计提供并促成人类的活动。“事件建筑学”不仅是时空意义的综合，它更将学科、建筑作品与历史事件相联系，将建筑纪念碑化成具有遗产价值的东西。改革开放最重要的是转变了建筑师的观念，从总体上讲，事件空间的营造更重视与人的生活关联，更重视一个项目对人的可接受程度，在建筑与人之间建立交流与对话的方式。建筑观念的改变体现了人对建筑更高层次的需要，对整个城市而言也是一种审美过程的提升。要承认，正是改革开放这 40 年，使城市之美与建筑设计更加相关，无论在公众还是在政府管理者心中，建筑之美几乎成为评价一个建筑项目之必需。从此种意义上讲，倡导建筑作品成为城市的文化与艺术“名片”（并非标志性），建筑师要力图用自己的创作，在吸引并服务人的生命与生活中，努力创造赏心悦目的形态，从而融合生活、符合文脉且体现建筑品质。

3. 省思设计改革要有可持续性的美学观

强调建筑设计改革开放观要有可持续性，指建筑师要努力从可持续性通常强调的生态足迹中悟出文化足迹，因为对当代城市，可持续的设计更多意味着文化问题，不把握其文化性，将难以杜绝城市低质量发展，会继续使城市无休止蔓延，无节制开发，无法阻止交通拥堵与“投机圈地”。建筑设计的可持续发展的文化观，旨在使建筑的文化足迹转换到良性发展态势，所以需了解建筑历史何以在传承中创新，这正是对建筑更新理论的可持续性之思。我认为用改革再出发之观念，可理出至少三方面建筑文化足迹，即建筑师要服务与营造恒久使用的用户需要；建筑师要营造耐久使用的建筑空间，而非仅仅是好看的背景；建筑师作品的美学寿命要与使用的建材的物理寿命一样长（如大量使用绿色技术进步的材质与系统）。

在某些城市的建筑上有“没格调”之声，不仅因为中国建筑师还徘徊在世界边缘，还在于中国建筑文化的迷失；这里既有保护建筑遗产上的文化迷失，也有建设上人与自然、人与土地上的迷失。要承认，这些年中国“好刮风”，中华人民共和国成立初期“一边倒”学苏风及“复古风”；“文革”后的十几年刮“方盒子风”；改革开放在“西风”及“洋风”下，既有“大广场风”“超高层风”，还有缺失中国文化基因的“欧陆风”，从而造成在高度城市化下面的创作数量巨大，但缺少与之匹配设计精品的质量建树与特色。昔日“云里帝城双凤阙，雨中春树万人家”讲的是汉唐盛世的长安；“有三秋桂子，十里荷花”说的是北宋盛期的杭州；“江南佳丽地，金陵帝王州”道出了南京古城的味道。放眼改革开放下的中国城市设计，我们不仅需要公正且人性化的城市，更需要个性化的建筑美。丘吉尔有句名言“人创造建筑，建筑创造人”，可见人和城市成为文化共同体，建筑格调与审美是国民应补上的课。两千年前罗马的《建筑十书》堪称西方古代建筑美学的权威著作；车尔尼雪夫斯基说，“只有建筑活动才有权利被提高到艺术的地位”；黑格尔则将建筑视为最早的艺术门类，称其为“艺术之母”；恩格斯同样坦言“原始社会乃作为艺术的建筑萌芽”。若归纳当今城市建筑界审美令人失望的原因，至少有如下几点：使每件作品都变美的做法往往破坏了对美本质的理解；全球性的审美策略反而成了自己的牺牲品；视觉审美固然是设计所需，但视觉至上并非是建筑设计之必然，重在是否抓住建筑的文化之魂，重在是否摆脱了形象工程，重在是否为美观贴上形式主义的标签。

4. 省思设计改革积淀经验的史论观

应看到，现代状况下，各界都在编写“各说各话”的史志，这是繁荣的表现，但问题不仅是重复，更反映出缺少对话的必要形式，为此建议建筑师与城市管理者以交流的方式，共筑改革开放的“城市建设志”。其意义与价值至少有如下方面：其一，要实事求是地总结城市化发展的改革经验，如要正视“广场风”及其同时兴起的“大厦风”，它是城市规划设计中科学决策缺席与权力误置所导致的；其二，要不回避矛盾，大胆发现城市化进程中的热点问题，如历史文化名城与名街保护，但不知如何保护，其最终结果是以破坏街坊原生环境为代价，造成不少建筑遗产保护的误区与“死结”，最突出的是对未“挂牌”的 20 世纪建筑遗产的破坏之加剧；其三，城市建筑设计的改革并非只关注时尚，建筑师需要有对城市史乡愁般的敬畏，建筑创作更应当是有文化态度的设计，设计改革的作品不追求奢侈，真正能走向世界的一定是品质、个性与想象力兼备者，设计改革的“破”与“立”的反叛传统与挑战规则一再揭示，前辈建筑大师的努力与新一代建筑师的成长已经交织在一起，离不开建筑评论与建筑文化传播的影响力。

2012 年 7 月版《住房和城乡建设部历史沿革及大事记》，其中有与城市建设和建筑设计相关的改革内容。从中可读到历程、成就、经验和启示。建筑作品印证着时代变迁，其中有人有事，有想象有情感，有伟大也有平凡，但它们镌刻出深刻，总括下属于时代精神的回望。从文化历史学出发，改革开放为中国建筑师打开了一扇绚烂多彩的“窗”，可谓“大象言无形，大器今有成”。这让人想到 20 世纪 80 年代改革开放后，中国建筑界屡屡兴起的有关建筑本质认识的研讨，较早的事件是 1983 年初建设部设计局在天津召开座谈会，中建西北院副总建筑师黄克武倡导要研究建筑的本质；1994 年 7 月在泉州举办的“全国第三次建筑与文化学术研讨会”，在研讨“变革时期的建筑与文化”题目时，强调了对建筑本质的认知。要承认，对建筑本质的思考是对人存在、人文精神与时空尺度认知的思考。季元振总建筑师先后于 2011 年 4 月及 2014 年 5 月推出《建筑是什么》和《再问建筑是什么》两书，他在回答一系列对建筑本质的认识时，面对现实说出真言：“我们以史无前例的速度改变着城市，但是我们不知道未来是什么在等待着我们。”

5. 省思设计改革的方法与策略观

早在 2014 年 11 月，中国工程院院士程泰宁领衔承接了住建部“关于提升建筑设计水平的政策措施研究”课题并完成了报告，在当代中国建筑设计价值取向下，分析了中国城市建筑价值观混乱诸问题，他认为针对设计改革的方法论是“回归建筑本体，强化社会责任”，在研究与时俱进符合当今建筑发展态势下，要严控建筑作品广告化与恶俗化，真正树立建筑的文化性与创造性。在西方建筑史中，建筑师一直是崇高的职业，它既是建造科技的代表，也是艺术范畴的代表，享有较高的职业尊重，有的建筑师还被誉为城市英雄。中国建筑师在历史一贯重道轻器的影响下，很难成为“全能之人”，一直是社会地位卑微的“匠人”。建筑设计兼具文化技术性和工程技术性，从工程技术角度，建筑是为人类生产生活服务的物质载体，是人们生存的空间。尽管建筑设计最终的输出以图纸和服务为载体，不同于一般的技术产品，但更需要法律机制的保障，以对建筑师的执业行为做出相应的规范。应该说，自 1978 年以来，我国已逐步实行了注册建筑师制度，并出台了《中华人民共和国注册建筑师条例》和《中华人民共和国注册建筑师条例实施细则》，但它们的不足是缺少对注册建筑师作用的明确。1998 年生效的《中华人民共和国建筑法》第二条写道："本法所称建筑活动，是指各类房屋及其附属设施的建造和配套的线路、管道、设备的安装活动。"全文没有"建筑设计"条款，该法不管建筑设计和建筑师。因此，为解决建筑设计的问题需要呼唤"建筑师法"，以显示其职业工作的严肃性，否则无论城市设计与建筑设计的质量控制还是创优目标，都不能真正有效地贯彻到建筑师环节中去。无疑，这是设计界改革开放再出发所面临的重要任务。

中国建筑设计行业改革开放 40 载的全景式分析和路径探寻是一个系统工程，虽难有某个开放时代的总结性作品可以全方位代表之，但改革开放立基传统文化的当代设计多元探索却反映出：传统设计转向理性提炼；深层内涵主题不断挖掘；项目场所精神得以叙事表达；传统的现代阐释与发展演绎等新态势。所有这些不仅使建筑方针得到彰显，还从一定意义上令作品从创新走向创优，但如果建筑历史仅仅是记录时代事件与人物那是不够的，需要从"建筑事件"中找到可褒贬评判的价值观念。无论是文化上还是形式上的建筑批评，改革开放的评论观都会倡导言论自由，即讲真话，既有说真话的自由，也要允许说错话，只要是对城市与建筑发展善意的批评，业界都该接受。也许这才是从改革再出发给予建筑评论的话语准则。

（中国建筑学会建筑评论学术委员会副理事长）

关于建筑师负责制和全过程工程咨询的建议

费麟

为了贯彻落实"国办发(2017)19号"文的精神，住建部及时推出了《关于推行建筑师负责制的若干意见》。其对于在"一带一路"和"雄安新区"的建设中要按国际规则"请近来、走出去"的做法有很大的现实意义。根据国内外的城市与建筑建设情况和自己的职业经历，现提出一些建议，仅供参考。希望"建筑师负责制"和"全过程工程咨询"在中国能够尽快健康发展。

（1）建筑师负责制在国内外早已有之，但是1949年后情况有变。过去在国内外的城市与建筑建设中已经存在。建筑师（Architect）一词来源于希腊语arkhos（首领、统治者、首席）和tekton（木匠、建造者、承包人）。建筑师在工程建设中的职责，2000年前威特鲁维的《建筑十书》中已有明确规定。中国古代的营造就是建筑师（皇家工匠）负责制，如颐和园、圆明园、故宫等就是先后由传承八代的雷氏建筑世家负责设计并领导营造的。上海著名的华人建筑师吕彦直开办的彦氏建筑事务所，杨廷宝、赵深开办的基泰建筑事务所，设计上海国际饭店、大光明电影院等建筑的匈牙利建筑师邬达克开办的设计洋行，当时都是采取建筑师负责管理的模式。国际建筑师联合会（UIA）在建筑师职业实践导则中也对其有明确规定。当前在国内外新形势下，无论根据"大陆制"（欧洲）还是"海洋制"（英国、美国），建筑业必然要采用建筑师负责制的模式。

1949年以后，建筑师负责制只局限于建筑设计。在前30年，属于以阶级斗争为纲的阶段。在"学苏"的过程中，前苏联援助我国156项大型工程建设，全面学苏过程培养了我国的设计、施工和管理人才，也开始在前苏联规范的基础上制定了一系列的中国标准规范（GB）。那时

156 个工程的甲方都设立了基建处，承担了全过程的项目管理、工程监理工作。国家计委和经委、建委全部掌握了工程前期的立项、可行性研究、经济估算与概算和选址工作以及设计、施工、采购、验收等的管理和监督工作。各设计院的建筑师和工程师主要的任务就是方案设计、初步设计、技术设计（就是扩初，后来干脆取消这个阶段）和施工图设计以及作为设计代表下工地配合施工（不是监理）。1952 年在学苏的影响下全国进行院系调整和教育改革，理工合校。在建筑系的教学大纲中专业分工很细，强调工程实践能力培养，但是缺少对于基本建设的全过程教育，缺少有关工程建设的管理、经济等综合能力的教育。

在后 30 年，进入改革开放阶段。随着大规模的城市建设开始，进入了建筑设计的黄金时代，基本建设慢慢走向正轨。各地进行圈地、引资、开发，渐渐形成新时代的一次城市建设大飞跃。开发商纷纷进入基本建设市场。他们有机会出国参观访问、开阔眼界，往往比较开放，有经济实力，容易汲取国外工程建设的经验，逐步在城市开发中有比较大的话语权。开发商往往自己有一个强大的项目管理公司。在这个公司里设立工程前期部、设计部、监理部、运营部。例如万达房地产开发公司就建立了一个建筑规划设计院，自己可以进行前期设计工作，还制定了“商业综合体设计导则”。再如万通房地产开发公司，自己可以进行墙体保温材料的科研工作，在节能、绿色环保方面有自己的做法。相对于成天忙于做方案、参加投标找任务和赶图、改图、交图的建筑设计院，开发商的前瞻眼光、技术储备、管控能力、公关能力往往更有优势。久而久之，大部分的设计院疲于奔命，忙忙碌碌于常规事务中，而建筑师也无奈于默默无闻地作为政府和开发商的“绘图匠”，很难发挥应有的才能，更谈不上作为建筑师负责制的一名主帅。

（2）建筑师负责制不是唯一的模式，只是众多工程管理模式的一种，因此它不应该成为独此一种的强制性模式，而应与其他模式一起供业主选择。目前，在国际上有各种建造模式，如 EPC、BOT、BOOT 等。其中，建筑师应该根据和业主订的合同，来确定责任范围，不一定是全过程。在国外，许多著名建筑师自己开办的建筑师事务所，建筑师本人就是法人代表，往往是一个建筑师事务所来全权负责，也就是建筑师事务所的法人代表负责。在中国，实行的是双轨制：体制内设计院的注册建筑师的图章有聘请公司的代号，注册建筑师本人不是法人代表，无权全权负责；

而体制外建筑设计事务所的注册建筑师本人大多数就是法人代表，事务所的队伍精干，但是专业团队比较单一，经常要和体制内的设计大院合作设计，共同负责设计、建造过程。

（3）改革开放以后，相关部门曾经提出建筑设计单位要向两头延伸。虽然提出建筑设计单位要向两头（设计前期和设计后期）延伸，但是由于行政管理是条块分割、利益驱动的，建筑师不可能单枪匹马挑起建筑师负责制的重担。《中华人民共和国注册建筑师条例》将我国建筑师更多的职业实践限定在建筑设计环节，无法对工程全过程进行实际有效的控制。工程前期阶段的立项、可行性研究、选址等工作，建筑师最多可以建筑策划的身份参与，往往是免费的服务。设计前期的许多工作包括立项、可行性研究、选址、咨询等部分成为工程咨询的主要内容（按原来发改委〔2005〕29 号令）属于发改委管理，工程设计与施工等设计中期与后期工作属于住建部管理。建筑师无法参与施工招投标，基本没有技术判断话语权。施工过程的控制由代建机构、施工单位、监理单位承担。二次分包与材料、设备选购等关键环节无建筑师技术控制话语权。在双轨制前提下，设计企业与建筑师个人之间的责权界定不明确，企业资质评定与注册建筑师制度的矛盾带来责权利不清问题。总之，在这种情况下推行建筑师负责制困难重重。根据住建部《关于推行建筑师负责制的若干意见》（2017 年 9 月 8 日修改稿）的意见，明确以后施工图技术设计由设计企业负责，施工图深化设计由承包商负责，建筑师要承担承包商完成的施工图深化设计审核服务。

总之，在中国 60 多年来的基本建设中，在建筑教育、工程实践、理论研究和媒体宣传上，建筑师始终处于“绘图匠”（建筑设计师）的地位。总体上和国际上的建筑师负责制有比较大的差距。

（4）建筑师负责制需要顶层设计：①修编《建筑法》；② 修编《城乡规划法》；③修编《中华人民共和国注册建筑师条例》；④修编《注册建筑师考试大纲和细则》；⑤制定《建筑师设计保险法》；⑥修编《监理法》；⑦修编《项目管理法》；⑧修编《基本建设设计程序》（参考 FIDIC 条款白皮书、WTO 服务协定、UIA 建筑师职业实践导则）；⑨修编《建筑设计收费标准》；⑩尽快办理中国注册建筑师与国外建筑师互认协定；⑪尽快修编有关建筑工程公司和建筑设计单位的《保险制度》；⑫中国人劳部应该设立“建筑师”职位系列，作为“工程师”系列的补充；⑬大专院校建筑系的教育大纲相应进行修改、补充；⑭制定“建筑设计招投标法”（或“建筑方案设计竞赛法”）。

（5）要明确在“工程咨询”中建筑师的作用：国办发〔2017〕19号文件中提出：“在民用建筑项目中，充分发挥建筑师的主导作用，鼓励提供全过程工程咨询服务。”在贯彻落实中必须明确以下几个问题。

①明确基本建筑的程序（包括建筑设计程序）。要根据国际规则结合中国国情来确定工程建设设计程序。当前应该按照FIDIC条款的白皮书、WTO服务协定、UIA制定的《国际建筑协会建筑师职业实践政策推荐导则》、1983年12月中国建筑工业出版社出版的《基本建设工作手册》第三节“基本建设程序”以及全国注册建筑师继续教育必修课教材（之八）《职业建筑师业务指导手册》和重新编制的《中国建筑工程的基本建设程序》执行。

②明确什么叫工业建筑和民用建筑。国内外建筑师从来都是同时为工业建筑和民用建筑服务的。1949年我国学习前苏联以后才出现了工业建筑和民用建筑的不同设计院，大学的建筑系也出现了工业建筑教研组和民用建筑教研组。建筑师随着设计院的分工不同，分别从事工业建筑设计和民用建筑设计。特别是中国第一个五年计划建设期间，配合前苏联援华156个项目的设计与建造，为了加快基础工业的建设，建设部在几个大区中纷纷建立北京工业建筑设计院、华东工业建筑设计院、东北工业建筑设计院、西北工业建筑设计院、西南工业建筑设计院、中南工业建筑设计院、华南工业建筑设计院（后来把工业两字去掉，但是保留了工业建筑和民用建筑的设计实力）。各工业部委也相应建立自己行业内的设计院，如第一机械部就设立了机械部第一设计院以及第二至第十一设计院。这些部委设计院也都具有工业建筑和民用建筑的设计实力。

当前建筑类型发展多样化，许多工程项目往往分不出是工业建筑还是民用建筑。例如，工业园区，科技园区，自由贸易开发区，移动科技开发中心，P3、P4试验中心，航空飞机场区（总体规划、航站楼、配餐中心、仓库中心、维修中心）以及科学院建筑设计院设计的各种科研建筑等这些有现代科技含量的建筑，一般很难分得清哪个是工业建筑、哪个是民用建筑？2000年我看到英国阿兰·斐利浦编写的《工业建筑精华》一书，里面把飞机场航站楼、大跨度展览馆都列入工业建筑类型中（我和黄星元写了一篇介绍此书的文稿，登载于《世界建筑》杂志 2000 年第 7 期）。以后在“一带一路”和“雄安新区”的建设中，要有 FIDIC 来保驾护航（见《中国建设报》2016 年 4 月 19 日第 5 版《斐迪克：护航中国企业“走出去”》）。建筑师要提供全过程工程咨询服务，此时就很难区分工业建筑和民用建筑。

③明确建筑师如何提供全过程工程咨询服务。我国于 1980 年与联邦德国订立了《中德科技合作协议》，当时德国工程咨询协会会长魏特勒先生（Weidleplan，魏特勒工程咨询公司董事长）应邀来华讲课，介绍工程咨询的经验，并于 1980 年年底向我国建委设计局周祥生局长发出邀请函，邀请中国机械部设计总院派我和结构工程师陈明辉两人于 1981 年 2 月赴斯图加特进行在职培训半年（后来延长期为 7 个月）。我第一次知道工程咨询公司的概念，并且看到了 FIDIC 条款（中文版）。在培训过程中，通过工程设计、设计审查会、工地视察、各地参观访问等活动，我才明白魏特勒工程咨询公司和我们设计总院一样完全是一个综合设计院。该公司承担国内外的城市规划、工业建筑、民用建筑和军事工程设计项目。他们擅长设计造纸厂，聘请造纸厂的工艺师作为咨询工程师。我参加了他们设计的巴格达理工学院项目的部分设计任务，还参观了该公司设计的飞机场、体育场馆和住宅小区。回国后不久，在当时的外经委和建委主持下，由我们机械部设计总院和其他十几个工业与民用设计院作为发起单位，筹备建立中国咨询协会。1992 年我国正式成立中国咨询协会（当时有 63 个成员单位），我国于 1996 年正式申请加入 FIDIC 国际咨询工程师协会，并被批准为成员国。由于我国条块分割、多头领导的行政管理模式，工程咨询被分成两块：工程咨询由计委（后来的发改委）管理；工程设计与施工由建设部（后来的住建部）管理。建筑师的建筑设计本来就有设计前期、设计中期和设计后期三大阶段。由于政府管理部门不同，建筑设计前期工作变成发改委的工程咨询内容（不含设计内容），建筑师只能以建筑策划、概念设计参加设计前期工作（实际上就是工程咨询的工作）。从此，注册建筑师还要参加注册咨询工程师的职业考试，考试通过后才有资格参加工程咨询的工作。因此，这个中国式的工程咨询内容和国际上通用的工程咨询内容完全貌合神离。

由于国务院 19 号文明确指出“充分发挥建筑师的主导作用，鼓励提供全过程工程咨询服务”，因此今后住建部管辖范围内的基本建设内容必然要包括工程咨询内容。过去中国“工程咨询”为两张皮，现在合为一体了，改称为“全过程工程咨询”。《中国工程咨询》2017 年第 9 期发表文章《准确把握和积极应对面临的机遇与挑战 努力推进工程咨询业务转型与升级》和《全过程咨询的实施策略分析》。文中说“行政审批项目权限的进一步下放，综合性工程咨询单位的传统业务出现逐年锐减的势头”，“综合性工程咨询单位依赖投资主管部门承接业务的优势丧失殆尽”，“明确全过程咨询的概念是当务之急……全过程工程咨询是中国咨询业升级换代的突破口，是走向国际市场、提高咨询水平的重要措施”，“中国工程咨询企业的国际化步伐明显落后”。文章又明确说：汲取中国工程咨询业“由小到大，到碎片化”的经验教训。

2017 年 7 月 17 日发改委发布《工程咨询行业管理办法（征求意见稿）》，对工程咨询的服务范围和专业划分做出规定，业务分为四大类，分别是：①规划咨询，②项目咨询，③评估咨询，④全过程工程咨询。然后废除了 2005 年发改委 29 号文件。显然这个分类中第四条包括了第一、二、三条的内容，有“同义反复”的逻辑错误。当前，我国要求在“一带一路”中，FIDIC 应该保驾护航。显然，我们必须对于“工程咨询”有一个统一的认识，不能出现“工程咨询”和“全过程工程咨询”两种概念，应该统一在 FIDIC 国际工程咨询协会的条款基础上，因为中国工程咨询协会已经于 1996 年被批准为 FIDIC 国际组织的成员国。

（中元国际工程设计研究院资深总建筑师）

设计企业面向未来的改革思考

周恺

2008 年受金磊主编之邀，我在《中国建筑设计三十年（1978—2008）》一书中曾以《我的人生三部曲》为题，从“读书、从业、创业”三个方面，以三个 10 年的发展阶段叙述了改革开放 30 年对自己成长过程的巨大影响和我的一些心得感悟。十年过去，改革开放迎来 40 年，而 1996 年创立的天津华汇工程建筑设计有限公司也步入了第 22 个春秋。我们这代建筑师是改革开放最大的受益者，而回首华汇走过的路，每一个前行的脚步，更得益于改革开放为建筑设计行业带来的契机。这里，我想结合天津华汇的发展轨迹，谈一谈自己对于设计企业未来走向的一些思考。

在我与合伙人创立天津华汇的初期，国家针对建筑设计行业先后出台了很多“先行先试”的政策和制度，应该说我们的确遇到了好的机遇。其实创办天津华汇的初衷，现在想来也真的不是为了赚钱，更没想过华汇能发展到现在的规模。我们就是出于对建筑设计的喜爱，不论是在天津大学的教学经历，还是“下海”创业，都是源于这个初衷。而我无疑是幸运的，有志同道合的伙伴与我共同奋斗，因为我明白，人的精力是有限的，在华汇我不能既求精于建筑创作，又深入企业管理，这对于企业的发展也是不利的。我可以负责任地讲，只靠我自己，华汇是走不到今天的。恰恰是因为这里凝聚了不同的伙伴，不同思维的碰撞，大家各有专长且齐心协力、以诚相待，华汇才得以在市场中立足并发展壮大。

一直以来，天津华汇在创始团队的带领下，保持着平稳发展。但随着市场形势的变化、业主素质的提升，华汇面临着新的经营环境。与此同时，同行业的设计单位在各方面都在提质升级，尤其在企业管理方面。而华汇公司的管理模式基本还停留在情感维护的层面，虽然公司整体的运营氛围是良性的，但作为一个已经成长了22年的民营设计企业，也面临着管理的阵痛，我们必须看到，依然依靠核心团队的情感凝聚力，已经无法完全满足华汇的发展需求，这时我们的管理理念发生了转变。一个建筑设计企业，不能仅仅依靠员工对建筑设计的热爱管理团队，管理制度的完善是企业发展战略的重要一环。与此同时，历经发展，华汇形成了前期团队和施工图团队，因为管理方式的“粗放”，两个团队在工作合作中出现了脱节，造成工作效率的严重降低。种种的现象都在提醒我们，华汇的管理必须迈入现代化，而实现这一目标，就要敢于将公司的未来交给年轻人去创造。华汇有很多优秀的年轻骨干，他们或精于管理，或精耕设计，他们是华汇未来的希望。现在，我们正在将华汇的管理权有计划、有策略地过渡给年轻人，他们的眼界，他们的智慧，他们面对市场的快速应对都已证明他们自己的实力。平心而论，现在青年一代面临的生存压力比我们这代建筑师要大得多，他们更有干劲，在公司管理、市场运营各方面所需要的体力和脑力更加出色。作为创始团队，我们要做的就是支持他们，为他们铺好路、把好关，保持华汇不断向前发展的动力与活力。与此同时，也要做到风险与利益共担，做得越好，受益越多，要将机会给更有能力的人。

右起：张一、周恺、金磊（摄于2018年8月10日）

我们在相信年轻人能力的同时，也要向他们灌输这样的理念：个人的收益不是别人给你的，而是你与大家一起努力赚取的。如果一个人连努力的过程都不敢承受，怎么可能成为一个团体中的骨干力量。我希望有一天，一些年轻人能成为我们的合伙人。企业的孵化与发展需要创立者有足够的耐心，对别人的耐心有多大，信任度就有多高。

天津华汇走过的22年见证了改革开放以来建筑设计行业繁荣发展的“黄金时代”，而在“白银时代”来临的当下，除了凭借对建筑设计事业的热爱，依靠团队成员的齐心协力外，我们更应怀揣“改革再出发”的心态，期待并见证中国设计机构的新未来。

（全国工程勘察设计大师、天津华汇工程建筑设计有限公司董事长）

深圳体育馆等建筑是改革开放的纪念碑

金磊

2018 年是中国改革开放 40 周年，城市建筑界最重要的成就，旨在捡拾这 40 年究竟靠何等创新步伐为中国城市留下卓越建筑作品且改善民生幸福。如果说“北上广深”是中国城市建设改革发展的先锋之城，深圳更是率先结下优秀项目成果之地。然而，近日一则关于“深圳体育馆将计划被拆”的信息，引发业界内外的强烈关注。大家在震惊这一决策的同时，更呼吁有关方面要保护深圳体育馆等 20 世纪“80 后”项目之命，因为它们不仅是深圳改革开放的重要历史物证，也是被国家珍视的 20 世纪建筑遗产的典型代表。

由此让我联想到 2018 年 6 月 26 日在素有 20 世纪 80 年代中国酒店业“黄埔军校”之称的深圳南海酒店（1985 年）举办的“以建筑师的名义纪念改革开放：我们与城市建设的四十年·深圳广州双城论坛”。“住”是民众生活的最常态，在改革开放的进程中，建筑变迁的设计进步与创新之态完美呈现。建筑是时代的纪念碑，建筑师是改革开放的见证者，建筑不仅可以使用，在用事件、理念致过去且敬未来时，建筑更可提供城市记忆的最生动、最形象的言说。据此中国工程院院士孟建民在归纳深圳建筑设计改革重要“时点”时，深情地用作品回望了多位对深圳做出贡献的前辈建筑师。孟院士还强调这些项目之所以令业界与公众瞩目，不仅在于建筑师创作的先锋性，还在于它们从实验性、多样性、示范性等方面承载了深圳新建筑背后的太多故事。

1985 年建成的深圳体育馆属深圳建市后“八大”文化设施之一，主持设计的建筑师们回忆，当时为了体现体育建筑的力度与向上精神，设计摒弃了所有装饰附件，特用建筑固有的构件表现它的形象美，高举的屋盖、自然坡起的看台体量与水平舒展的观众休息平台形成对比，从而

深圳体育馆外景

表现出稳重有力的气势。尤其可贵的是它从设计之初就千方百计地提供面向普通市民服务的宜人设计，确保 90% 以上的观众席在好的或较好的视觉区，从而使它成为集市民休息、娱乐和建设多功能于一体的体育公园。该体育馆严谨、求新的设计风格无疑使其成为改革开放初期深圳建筑的标志，除荣获一系列业界奖项外，1989 年它在国际建筑师协会举办的“体育与娱乐设施优秀设计”中获银质奖，2009 年中国建筑学会还授予其“中华人民共和国成立 60 周年建筑创作大奖”。虽然针对深圳体育馆“保留”或“拆除”，多位建筑界、体育界专家一再研讨，希望对其在保留的基础上，实施改造提升，但这尚未成为最后政府的决策结论。据此我的分析与建言如下。

其一，创造城市文化的深圳要特别珍视自身的文化。改革开放 40 载让深圳不断呈现文化新貌，其中坚持了 22 年的城市阅读是深圳文化建设的“亮点”，这是一个渴望文化立市的步伐，此外联合国教科文组织的“设计创意之都”也为深圳带来了国际文化创意之桂冠。问题是，深圳尚没有完全理解，深圳的文化不仅要“创”，还必须在回望中珍爱，必须在认知中发现，这是深圳文化自信的标志。阅读之城不仅仅是“读书”，更要教授公众与管理者读城市、读建筑。习主席曾指出：“历史文化是城市的灵魂，要像爱惜自己的生命一样保护好城市历史文化遗产。”作为深圳改革开放后的如深圳体育馆等一批建筑，它们不仅真实地记录了深圳城市的崛起，更代表了时代精神下人民的美好记忆，我们呼吁要站在文化城市建设的大视野下，保护好以深圳体育馆为代表的优秀建筑，它们将是20世纪中国建筑的辉煌记忆；因为勃勃生机的深圳新经济会越来越需要城市文化“标签”的衬托，恳请深圳相关部门下决心留下深圳体育馆等“城市富矿”的建筑。

其二，深圳的改革开放文化就包括始于20世纪80年代的建筑文化，这是由深圳城市特性所决定的。20世纪80年代的深圳优秀建筑，就是象征深圳建筑史的“历史建筑”，它是深圳乃至中国城市化改革的无价之宝。对于中国20世纪建筑遗产，住建部和国家文物局均有专门规定强调要予以保护：2017年9月住建部下发建规〔2017〕212号通知，从历史建筑普查、确定、建档、挂牌、不拆除、不乱建等方面提出明确要求；国家文物局早在2008年就发布《关于加强20世纪建筑遗产保护工作的通知》，2018年6月27日又印发《不可移动文物认定导则（试行）》，其中第七条、第九条的内容实际上规定了20世纪建筑遗产的保护要则。在肯定翱翔在改革开放的春风里，不断创造蝶变之路的深圳成就的同时，也需要认真梳理属于改革开放40年的新建筑成果，要自识瑰宝，要从当代建筑遗产的载体中找到城市发展的脉络。建筑是服务城市的视点，这体现在区域与土地蜕变、城市与高度蜕变、城市与生产力蜕变的一系列过程中。我们在向热爱阅读的深圳致敬的同时，也充满感慨地建言：深圳需要保留有“事件学”视角的建筑，深圳要总结出如深圳体育馆等20世纪80年代经典建筑作品的设计建设“史论”观，深圳更要留住从一开始就倡导面向公众服务的文体建筑示范。面对全国上下城市更新进入快车道的大势，我们必须明晰，社会与城市需要的不再是一般意义的“拆旧建新”，而是有文化内涵保证的高质量的有机更新。否则，失去了敬畏历史之心的更新之策，莫过于又一轮大拆乱建，是有悖于现代社会文明与遗产意识的“油漆刷佛像”之举。特别要研究为先，不可擅动妄为。必须通过尊重历史与原貌的方式，重塑功能，使它可阅读、可亲近、可利用，让深圳“历史建筑”焕发新生。

回望汶川十年的遗产保护感悟

单霁翔

一晃，已经过了10年。今年是“5·12”汶川大地震十周年，今日回想起来仍然记忆犹新，那些人、那些事，永存心中，有感动，有思念，而更珍贵的记忆是灾后文化遗产抢救保护的非凡历程，那不畏艰险、百折不挠的英勇壮举，可歌可泣；那万众一心、众志成城的集体力量，感人肺腑；那以人为本、尊重科学的人文精神，催人奋进。当年能够亲身参与这一过程，使我深受教育。

一、难忘的灾区之行点滴

2008年5月12日下午14时28分，大地在颤动，不幸的消息很快传来，四川省汶川县发生了8级特大地震。这是数十年来破坏性最强、波及范围最广、救灾难度最大的一次地震，震灾波及重庆、陕西、甘肃等多个省市，就连北京也有震感。对于经历过唐山大地震的我来说，深知在人口密集地区发生特大地震的后果，人员伤亡和财产损失在所难免，同样令人牵挂的是，灾区文物的安全、文化遗产的安全、众多博物馆藏品的安全。

于是，我们立即停止了正在召开的会议，迅速启动应急机制，及时与地震灾区文物部门取得联系。当年手机网络不发达，震后电话网络又格外繁忙，经过数小时努力，终于接通了灾区各地文物部门的电话，初步了解到文物系统人员和文化遗产的状况。当天晚上即发出《国家文物局关于做好震后文物保护工作的紧急通知》，要求各地文物系统做好思想准备和工作准备，全力以赴投入抗震救灾，采取必要紧急措施，坚决打好这场文化遗产保护硬仗。第二天一早，国家文物局紧急召开局长办公会议和专家通报会，就支持地震灾区进行研究部署。

2008年5月19日是令人难忘的一天。这是“5·12”汶川大地震发生后的第7天，也是“国家哀悼日”的当天，我们一行6人组成国家文物局工作组赶赴四川灾区。在飞机上乘客们一起静立默哀，向遇难同胞表示深切哀悼。抵达成都双流机场后，一下飞机，我们就直赴地震重灾区都江堰。伴随着不断发生的余震，我们踏勘了最令人担忧的都江堰鱼嘴，考察了遍地散落古建筑构件的二王庙、伏龙观，观察了倾斜、开裂的奎光塔，走进岌岌可危的文物库房，详细查看了文物藏品的受灾情况，听取当地文物系统对灾情的初步评估，向在地震中失去亲人但仍坚守岗位、为抢救文物负伤的同事们表示慰问。暮色中，我们与都江堰文物工作者们深情拥抱告别。

在调研中，我们听到了许多在地震发生后涌现出的感人事迹。高泽友馆长就是其中一位。他是北川羌族民俗博物馆馆长，他本人就是羌族同胞。地震发生后，他立即组织馆内人员紧急疏散到安全地带，全馆人员无一伤亡。当时，他在北川中学读高三的女儿和80岁的老母亲尚下落不明，妻子也生死未卜，他不顾家人安危，与同事们一道从废墟中救出了六位幸存者。在失去了妻子等五位亲人之后，他强忍悲痛，继续领导全馆人员清点北川县的文物损失，冒着频繁发生的余震威胁，深入北川重灾区，征集地震典型珍贵实物300余件，期间自己多处受伤。

当天晚上，我们一行调研都江堰受损情况后回到成都，从广播中听到“5月19日—20日汶川震区发生6至7级余震可能性较大”的消息，

四川绵竹东方汽轮机厂工业建筑（2008年7月13日）

播音员反复播放“无论发生什么，我们永远在一起”。一时间，成都市民纷纷离开住宅，向安全地带撤离，开始在露天场地搭建防震棚避难。于是，武侯祠、杜甫草堂、金沙遗址博物馆等文物单位和博物馆，第一时间自觉打开大门，开放所管理的空地和广场，为市民提供紧急避难场所，并为他们提供基本生活所需物资。

我们看到仅金沙遗址博物馆当晚就接待安置了 2 万多位受灾民众。此时，在夜色中目睹金沙遗址博物馆园区内，成千上万的成都避震市民得以安坐、安睡，感受到民众是如此地亲近他们脚下这块积淀着 3000 年古老文明的土地，博物馆是如此地被民众发自内心地需要。在寒冷而悲伤的黑夜，金沙遗址给生命以护佑，给心灵以温暖，给生活以光亮，人们也因此重新认识了金沙遗址，感受到公共文化机构强烈的社会责任感。我想今日每一座博物馆都应该努力成为人们生活中的一片文化绿洲。

从 5 月 19 日至 24 日，我们先后在四川、重庆、陕西、甘肃等地震灾区进行地震灾害调查，分别召开抗震救灾现场会。在现场我们看到，在地震过程中，几个省的文物建筑和博物馆藏品受到相当严重的损害。但是，也看到原本最令人担心的几处世界文化遗产和重要文物古迹，例如四川都江堰古代水利工程、重庆大足石刻、西安秦始皇兵马俑、甘肃麦积山石窟等，均没有严重受损。同时了解到距离地震灾区较远一些的世界最高的古代木结构建筑山西应县木塔安然无恙，大家松了一口气。“5·12”汶川大地震发生在南北地震带上的龙门山构造带中央断裂带。在现场我们看到，世界文化遗产都江堰古建筑群遭到严重破坏，全国重点文物保护单位江油云岩寺、彭州领报修院、桃坪羌寨、甘堡藏寨等受损严重；通高 31.1 米的盐亭笔塔，地震后仅余两层约 8 米遗存；28 米高的安县文星塔震后仅剩 6 米残高；建于元代的德阳龙护舍利塔整个塔身开裂，倾覆风险显著增加；相当一批藏羌传统民居建筑严重损毁，村寨内瓦砾遍地。这是四川文化遗产遭到的最大一次劫难，损毁状况惨烈，令人触目惊心。

地震灾区文物博物馆设施也受到严重破坏。四川省文物考古研究院部分正在整理的文物标本受损；成都市文物考古研究所整理基地部分陶器受损；古蜀船棺遗址附近一座大楼开裂，对文物安全构成威胁；北川县羌族博物馆、汉源县文物管理所等全部倒塌，馆藏文物被废墟掩埋。陕西省考古研究所库房有 9 件陶器出现裂碎，1 件三彩器从陈列架上跌落受损；甘肃省礼县考古工地有 7 件陶器受损。同时看到震区文物部门在地震发生后，有效开展文物抢救和自救工作，例如都江堰市文物局第一时间迅速将文物从六层文物库房转移至一层安全区域。

在几个省的抗震救灾现场会上，均对下一步工作进行了部署：一是要加强抗震救灾的组织领导和现场指挥，明确工作责任，制订应急预案，加强安全检查，特别是要加强重点部位的检查力度；二是要加强对文物本体的监测，严密注意震情通报，评估地震灾害对古建筑、古遗址和博物馆等建筑的影响，制定具有针对性的保护和防范措施；三是各地博物馆和开放的文物机构应制订震后保障文物和人员安全的应急预案，完善相关处理机制，组织人员及时清除室内外障碍物，确保参观线路的安全和通畅。

同时，要求应高度重视文物维修工程和考古发掘工地的人员和文物的安全，并制订防震预案。受地震波及地区的文物部门，应暂停正在进行的施工或考古工作，并加强看护，对已经发掘暴露的遗迹应采取妥善的加固保护措施，对已出土文物应移至安全的库房进行集中保管。对放置在展厅和库房内的易受地震影响的馆藏文物要采取特别的加固保护措施。要加强对文物保护单位和博物馆职工的安全防范意识教育，加强抗震防震设施建设，加强文物保护单位的安全巡查、值班，及时发现险情，在确保人身安全的前提下排除安全隐患。

鉴于当时灾区雨雪天气频发，需要立即对在地震中受损特别严重、结构存在安全隐患的文物建筑本体，采取临时性应急支护措施，防止险情进一步扩大和次生灾害发生。同时，在受损的文物保护单位周边，设置警戒线和说明牌，划定现场保护范围，并派专人看护，防止因文物建筑垮塌或构件掉落，对周边民众生命财产安全造成新的威胁。同时，要认真做好文物受灾现场原址清理、散落构件收集保管和相关资料收录整理等工作。文物受灾现场清理工作，应在文物保护专业技术人员指导下进行，做好现场记录，为下一步维修保护工作留下第一手资料。

二、感悟与启示

沧海横流，方显英雄本色。三年灾后文化遗产抢救保护实践，我们战胜了磨难，经受住了考验，凝聚了力量，锤炼了队伍，充分展示了全国文物系统的战斗力、凝聚力，积累了应对突发事件、抗击特大自然灾害的宝贵经验，从中收获了许多极其宝贵的启示。

第一，灾后文化遗产抢救保护实践证明，必须大力发扬中国政府集中力量办大事的优势。这次灾后文化遗产抢救保护，是跨地区、跨行业的大会战，任务异常繁重，仅靠受灾地区文物部门自身的财力物力、设计施工、技术力量不可能完成。发扬全国文物系统团结协作的优良传统，大力弘扬“全国一盘棋”的大团结、大协作精神，选派精兵强将充实第一线，集中力量，精心组织，做到局部利益服从整体利益，眼前利益服从长远利益，守望相助，倾力支持，展示文物系统良好的向心力和凝聚力。

第二，灾后文化遗产抢救保护实践证明，必须尊重文化遗产抢救保护工作的规律。灾后文化遗产抢救保护中，坚持科学决策、科学调度和科学指挥，坚持规划先行，开展灾后重建工作。面对百年不遇的灾难，打破常规，同步勘察设计、同步施工、同步监理，协调各方面的力量，高质、高效地抢救保护。进一步完善政府主导、专业指导、社会参与的机制，针对文物行业的特点，切实做好质量控制，加强跟踪管理，自觉接受财政、审计、监察部门以及社会的监督，确保工程质量和资金安全。

第三，灾后文化遗产抢救保护实践证明，必须扎实做好文化遗产事业基础工作。基础工作是文化遗产事业的基本依托，也是及时、科学实施灾后文化遗产抢救保护的保证。抗震救灾以一种特殊的方式，检阅和展示了这些年来基础工作的成效。在地震灾害中，绵阳市博物馆中心库房代管的全市 7 个县的 5000 余件珍贵文物几乎未损，挽救了大量文化遗产。今后要进一步把基础工作放在更加突出的位置，切实抓好文物法制建设、文物家底调查、文物人才培养、文物安全保障等工作，夯实文化遗产事业的基础。

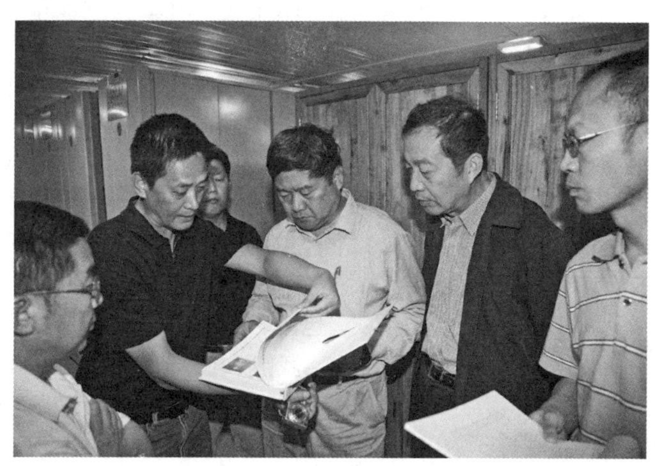

四川绵阳博物馆中心库房（2008年5月20日）

第四，灾后文化遗产抢救保护实践证明，必须进一步加强应急管理能力建设。建立健全统一指挥、上下贯通、反应灵敏、运转高效的工作机制。今天要认真总结这些成功经验，健全保障有力的应急协调和评估体系、长效规范的资金投入和拨付制度、快捷有效的抢救保护措施、及时准确的信息发布和舆情引导系统以及管理完善的对口支援、社会捐赠、志愿服务等机制。通过推进应急管理体制和方式建设，最大限度地减少突发事件对文化遗产造成的危害，将文化遗产的受灾损失降至最低程度。

第五，灾后文化遗产抢救保护实践证明，必须加强防灾减灾研究，提高综合抗灾能力。要全面提高文物系统对自然灾害的综合防范和抵御能力，密切与地震、国土、气象等部门联系，开展地质灾害和气象灾害对文物影响的区域评估，确定重点防范区域。要建立健全科学的防灾减灾监测、评估系统，加强对重点文物的预警监测，制定地震、滑坡、山洪、暴风雨、泥石流等自然灾害的应对预案，做到未雨绸缪，防患于未然。要大力开展防灾减灾技术研究，科学制定科技、制度、组织、经费等多种保障措施。

第六，灾后文化遗产抢救保护实践证明，必须忠实践行以人为本、民生为先的理念，满足灾区民众精神文化和情感需求。文化遗产根植于特定的人文和自然环境，与当地居民生活不可分割。无论是在灾后文化遗产抢救保护，还是在考古发掘、文物保护修缮和博物馆工作中，都要尊重当地居民与文化遗产之间的情感联系，把文化遗产抢救保护工程与民生工程、安居工程结合起来，让更多的普通民众接近文化遗产，并从文化遗产保护中受益，促进灾后重建和当地经济社会发展。

“5・12”汶川大地震以后，作为国家文物局局长，我曾 20 余次前往地震灾区，直接参与指挥协调文化遗产抢救保护行动，积极争取抗震救灾资金，在全国政协会议上提出多项关于震后文化遗产抢救保护的提案，做了一些自己分内的工作。我欣慰地看到，在灾后恢复重建中，文化遗产保护没有缺位，在加快经济社会发展中，文物系统没有掉队。我更为面对突如其来的巨大灾难，文物系统全体同人团结一心，精神不垮，队伍不乱，秉持敬业精神，全力投入抗震救灾的杰出表现而感到自豪。在地震灾区工作的日日夜夜，也留下了许多难忘的记忆。

2008 年 5 月 20 日上午，当我们一行来到绵阳市的窦圌山下，看到山体严重倾斜，山上的东岳庙建筑群已经全部垮塌，上山的狭窄通道也完全被山上滚落的石块和古建筑构件所覆盖。为了一探究竟，我们决定攀登上山，了解震灾造成的损失。上山时大家相互间隔 10 米的距离，避免造成重大意外。好在预告的余震没有发生，经过努力，我们顺利完成了现状考察。2008 年 6 月 26 日，我们决定进入重灾区北川老县城，考察地震遗址，收集地震现场资料，到达现场后，路卡人员以现场危险和正在消毒为由，禁止车辆和人员进入，为了争取时间，我们只能弃车从小路进入北川老县城，经过两个多小时现场考察，收集到大量第一手资料。

2008 年 7 月 14 日下午，我们来到茂县的黑虎羌寨山下，由于已近傍晚，决定立即登山，没想到震后的山路异常难行，大家克服高山反应，终于在天黑前登到山顶。令人感动的是，黑虎羌寨民众早已聚集在碉楼前，欢迎我们的到来，协助开展灾情考察。当天晚上，我们在茂县山谷的帐篷内过夜，以便第二天赶往理县桃坪羌寨，没想到半夜突发强烈的余震，我赶快走出帐篷观察，看到劳累一天的各位同人并没有出现恐慌。我由于在日本生活多年，对余震有“免疫”，而大家在那段时间也已经习惯不畏余震，坚持正常工作。

在灾后文化遗产抢救保护决战决胜的 3 年中，我们有过太多的艰辛、太多的苦涩、太多的感动。“5・12”汶川大地震，对于中华民族是一个重大洗礼。今天，我们真切地感受到了通过恢复重建，四川所呈现的蓬勃生机。同时，也欣喜地看到通过全国文物系统的共同努力，特别是四川省和广大援建省份文物工作者的辛勤劳作，灾后文化遗产抢救保护工作所取得的优异成绩。衷心希望全国广大文物保护工作者毫不松懈，再接再厉，把在汶川地震灾后文化遗产抢救保护工作中积累的宝贵经验，切实运用到全国文化遗产保护事业之中。

在灾后文化遗产抢救保护决战决胜的 3 年中，我们有过太多的振奋、太多的鼓舞、太多的感悟。没有什么比灾难后的微笑更加动人。灾难面前，人性人情是那样感人暖人。以人为本，关爱生命，刻下现代文明的崭新标记。地震使我们倍感精神文明和美好家园的紧密联系。今天，应把汶川灾后文化遗产抢救保护所凝结的有益经验和启迪，转化为推进文化遗产强国建设的步伐，担负起崇高的历史重任，不负人民的嘱托和期待。我相信，伟大的抗震救灾精神，必将成为新时期值得珍视的遗产世代传承，必然在今后的文化遗产保护中弘扬光大。

（时任国家文物局局长，现任文化旅游部党组成员、故宫博物院院长、中国文物学会会长）

“北川模式”在灾后重建新城中的样本作用

宋春华

10年前的“5·12”汶川特大地震是我国改革开放以来遭受的最为严重的灾难之一。在无情的灾害面前，中华民族奋力抗争的精神，昭示出强大的国家凝聚力和战斗力，创造了中国乃至世界灾后重建史上的奇迹。

防灾减灾、抗灾救灾是人类生存发展的永恒主题。在今年汶川地震10周年国际研讨会暨第四届大陆地震国际研讨会上，习近平总书记致信说，人类对自然规律的认知没有止境，防灾减灾、抗灾救灾是人类生存发展的永恒课题。科学认识致灾规律，有效减轻灾害风险，实现人与自然和谐共处，需要国际社会共同努力。

这要求我们除了科学认识自然规律，加强地震等自然灾害的监测预测外，还要提高防震抗震的能力，有效地减轻灾害的程度。汶川地震之后我们对教育建筑质量，特别是中小学和幼儿园建筑提高了要求。党的十九大以来，推进高质量发展成为我国今后一段时间的发展方向。加强建筑供给侧结构性改革、提高建筑的抗震性能，也是提高建筑质量的途径之一，这需要采用工业化的建造方式。要认真总结“北川模式”，发挥好其在灾后重建和新城建设中的样本作用。

“北川模式”不仅是灾后重建的做法和经验，对于其他新城、新区以及老区、旧城的更新改造也都有借鉴意义。关于“北川模式”，有三点较深的体会。

一是规划作为建设和管理的龙头，要切实起到统领和“拿总”的作用。北川的重建千头万绪，又涉及各地援建和本地政府、部门等多层关系，组织形式和管理机制十分重要。沿袭传统的体制和原有的做法很难适应重建要求。北川是汶川特大地震中唯一一个异地重建的县城。从新县城的选址到总规、详规以及重要节点地段的城市设计，都是由中国城市规划设计研究院（以下简称“中规院”）担纲“拿总”，领衔协调的。

在北川重建工作中，成立了北川新县城规划工作前线指挥部，与绵阳市北川新县城工程建设指挥部、山东援建北川工作前线指挥部形成了应对灾后重建时期全面快速工作的“三指” 联动工作机制。其中，中规院前线指挥部以“一个漏斗”的工作模式，通过统筹规划设计、服务项目建设、提供决策咨询、监督规划实施，为新县城建设从规划到实施的全过程进行全面把控，提高了工作效率和质量。

二是依靠制度优势，调动各方面的积极性，发挥好学术团体的技术支撑作用。北川新县城虽然规模不大，但目标高、影响大。按照中央的要求和部署，新县城要实现“安全、宜居、繁荣、特色、文明、和谐”的建设目标，力求使其成为城建工程标志、抗震精神标志、文化遗产标志。为了高水平地实现这些目标，强有力的官方组织协调还应该表现在以更加开放的心态调动起多方面的积极因素，包括要发挥好相关学术团体的作用，组织广大科技工作者积极参与、倾情奉献。当新北川的总体规划得到批复，城市格局已经确定之后，更多专业和多种技术层面的介入，形成多“兵种” 联合攻坚的局面，尤其是重要地段和节点的城市设计及重要的带有标志性的公共建筑的单体设计，需要引进大量建筑专业人才。

三是一座优秀的城市，必须有积极的设计引领。新北川的重建创造了建城史的奇迹，永昌城成为新城建设的优秀案例。其成功的因素是多方面的，大到国家制度的优越、政府有力的调控、参与单位的艰辛努力、各行各业的大力支援等，就专业和技术层面来讲，关键在于有积极的设计引领。

总之，通过实践，我们探索出了灾后重建与新城建设的“北川模式”，其内涵十分丰富，许多方面值得学习和借鉴，同时也需要在实践中不断完善和发展。“北川模式”在之后的青海玉树地震灾后重建中再度被应用。在玉树结古镇恢复重建中，又留下了一批建筑大师的优秀作品。这些建筑具有鲜明的地域和民族特色，成为结古镇的新地标。

（原建设部副部长，现任中国建筑学会名誉理事长）

新北川是中国城市建设的转折点

崔愷

10 年一晃，建设新北川的战斗已经持续了 10 年。10 年的付出，今天看来是特别值得的。抗震救灾是一个特别紧急的事，灾后重建压力也很大，在这种情况下，是怎样建成这么理想或者说看上去没什么毛病的新北川?

目前，有部分城市规划、建设、管理中存在不足，比如城市缺乏特色、千城一面、文化内涵不足、地域特征和民族风格模糊、文化主题和场所精神缺失等。新北川的建设不一样，几乎所有建设者都对这座城市充满了善意，都为了灾区老百姓不讲代价、不计较经济利益。

新北川的建设是有理想的。多少年来，中国城市规划存在的一些问题，在这里得到了修整。新北川的建设寄托着中国城市规划师、建筑师的理想。因为有善意、有责任感、有理想，智慧被毫无保留地发挥出来，并应用到了新北川的规划设计当中。所以，这个新城，看上去建得匆忙却是精心打造的。

新北川的建设，在一定程度上来自于机制的创新，打破了以往城市建设模式，成立三个指挥部，用中规院的“一个漏斗”把其贯穿下去。规划师离开办公室直接到现场指挥建设，实属罕见。此外，理念创新也是新北川建设的特色，很多城市规划的新做法、新技术和新策略，都在这里得到了呈现。

新北川就是中国城市建设当中的一个转折点、试验区，这个试验区对今天的雄安新区的建设有直接的好处。这样的机制创新和理念创新，在 10 年后被总结出来，是新北川建设的巨大收获。

作为建筑师，在建设新北川的过程中，我们对地域建筑、绿色建筑、文化自信等方面的设想进行了实践，得到了业界认可。这些经验，可作为中国城市建设的某一种方向和代表而被推广。

“三分靠建设，七分靠管理。”新北川的城市管理也引入了先进的理念，文化中心、图书馆、博物馆等设施和场所得到了良好使用，但仍有提升空间。这就需要我们设计师与北川保持长期联系，经常提出建设性的意见和措施，将新北川发展好、爱护好，让这里的人民过上更加幸福的生活。

（中国工程院院士、中国建筑设计研究院总建筑师）

中国建筑工业出版社 2018 年 5 月出版

汶川巨灾十周年的安全六论

金磊

时光总在流淌，人们咀嚼痛苦，但并未沉溺于痛楚中，十年后的青青草木已覆盖了破碎的山河，昔日的“震生”开始成人，在更好的地基上建起坚固的家园与校舍。如今政府正迈步向前，更多的将生命与人民放在施政之首，这使怀吾同胞与新吾国家在灵名中耀耀生辉。2018 年元月，笔者就与中国灾害防御协会、中国文物学会及四川绵阳市人民政府共磋商汶川十周年的纪念事宜，并于 4 月 14 日赴绵阳参加了“地震遗址保护与利用学术座谈会”，本人做了“灾害类纪念建筑品鉴”的学术报告；5 月 11 日汶川地震十周年纪念前夕，笔者又参加中央电视台《新闻 1+1》节目，与主持人共同回望了“汶川地震十年防灾减灾怎么样了”。围绕这些思考与联想，我将汶川灾后新生的若干问题，归纳成如下思考，旨在为汶川地震十年写下巨灾后的纪念，意在探究中国城乡安全如何迎来新局面。

一论：“汶川祭”重在提升国民防灾文化素质

面对“汶川地震十年改变了什么”的一系列话题，可歌可议的命题很多。恰逢 2018 年 5 月 12 日又值国家第十个“防灾减灾日”（5 月 7 日—5 月 13 日是防灾减灾宣传周），面对“行动起来，减轻身边的灾害风险”的主题，我们最应做的是纪念与防灾演练，而这些都不应是“走过场”。国家“防灾减灾日”选择了 5・12 地震“国难日”，这一天要真正地关怀。灾后的“心理重建”是所有灾后重建工作的重中之重。应急心理学家早已强调，灾后心理援助是长远之计，至少要坚持 20 年以上。唐山大地震已过去 40 多年，前苏联切尔诺贝利核电事故已过去 30 多年，但阴影未去，因为心理疗伤来自被迫对“灾事”的回望，因此尊重灾民，用他们希望的方式与适度的表达格外重要。今天及未来我们可以做的是不能淡忘，更要使心理的治愈不忘却悲伤，且创造能为未来平安生活赋予能量与希望的一系列“实事”。

2018 年 5 月 9 日，来自全国十多个团体的纪念活动在北川县启动，它重在总结十年来社会力量的减灾经验，也探讨未来持续减灾的新方向，同时举办全国社会救援力量技能竞赛等。无疑，这是将“防灾减灾日”与汶川纪念结合在一起的好方式。为此，要务实做到对公众的灾害文化的养成教育。日本名古屋大学的一位专家曾说：“灾害文化是推进减灾事业的基础，在接受了灾害存在的事实后，公众就会考虑灾害一旦来临应该做什么以及能够做什么。”日本的公众对安全文化强调从小的养成教育，要求孩子们从小就理解“认识灾害→正确避难→快速逃生”假设与途径，知道在灾害来临时，将果断决定变成行动的 ABC 步骤。日本以社区为主体组建自主防灾会，不仅平时开展防灾、减灾教育，在灾后还可开展救援，是联系社区与中小学校的重要桥梁。自主防灾会在每年法定的全国防灾日（9 月 1 日）举办演练，还结合本地区特点再举行防灾演练。其防灾演练一般有会场型、随机型及图上训练三种。最有效的是随机型演练，因为事先并不选定灾种，演练时临时决定，很锻炼参训人员的应急反应与处置能力。国家与城市要韧性设计，家庭与个人也要学会有韧性之思的防灾建设。对此，我建议国家应急管理部应在调研分析的基础上，组织编制可真正起到规范指导国民安全素质提升作用的《国民安全文化建设教育规划》（年度版）。

二论：汶川重建校园质量居先

2008 年“5・12”汶川大地震中损失最大的是校园及医院。汶川地震三年后的 2011 年 5 月，四川省纳入国家灾后恢复重建总规的 29692 个项目已完工 94%，完成投资 7965 亿元，占概算总投资的 92%，当时需恢复重建的 3001 所学校已完工 96.9%，1362 个医疗卫生和康复机构已完工 90.7%。汶川灾区流传：“灾区最漂亮的是民居，最安全的是学校，最现代的是医院，最满意的是老百姓。”地震灾难让建筑师、规划师们反思：如何才叫为生命而设计；什么建筑是校园最需要的场所；建筑规范如何修订才能因地制宜保障校园安全；如何整合资源体现为生存设计的当代观念等。

可贵的是，汶川校园灾后重建，边设计，边研究新规范，体现了质量保障性。国家《中小学校设计规范》（GB 50099—2011），已经由住建部批准于 2012 年 1 月 1 日实施，它结束了 1986 年版的《中小学校建筑设计规范》（GBJ 99—1986），为校园安全设计注入了与安全制度和应急机制相联系的内容。可喜的是，在《中小学校设计规范》条文说明中已有了“安全第一”的含义，即学校建设必须执行的基本原则。校园建筑设计不仅要考虑地震灾害，还要考虑洪水、火灾、拥挤践踏、恐怖袭击等灾害事故中的安全。校园安全设计必须认真细致地处理每个细节，应特别关注普通教室与各种专用教室之间，教室与厕所及开水间之间，教室内从座位到门口，再到楼梯口、楼梯间及到楼门口通道的通畅。其中三个方面的安全设计体现了系统化的思路。

①清晰界定安全设计的概念与内容。安全设计是指在满足国家规范涉及的场地设计、无障碍设计、疏散空间设计、消防设计、抗震设计、防雷设计等具体内容的基础上，对校园教学及生活方面的安全保障和对易发生灾害事故的防范所进行的综合防御设计。

②强化校园本质安全的内涵。以建筑环境中物质基本性质为基础，在与人群密切联系的有关特征方面，校园环境及学校建筑应对师生实现安全保障。本质安全设计是从根源上避免可能发生的潜在危险，这是与传统安全最重要的区别，不仅内在系统不易发生事故，还具有在灾害中自主调节、自我保护的能力。

③校园安全疏散通道设计。如教学用房的门均应向疏散方向开启，梯段宽度必须达到人流宽度的整数倍，同时从结构安全上强化避免连续倒塌的“设计补强”策略。

三论：国家要出台支持预警与科学“抢先警报”的政策

以科学的态度对待科学减灾，特别是超前的探索研究是为了“大地的安宁”的举措。2018 年 4 月 17 日—18 日在北京召开的第二届亚洲科技减灾大会（第一届于 2005 年 9 月召开），会议在重点研究“2015—2030 仙台减轻灾害风险框架”时强调，要加强科技预防未来风险区域等方面的合作，特别提出针对减灾科技的六条倡议，其中第一条即为加强灾害风险科学、技术及政策间的跨学科研发，如要支持“创新高精度灾害预测、预警和应急响应技术”等。按照联合国对预警系统建设的倡议及 2006 年 9 月发布的《全球预警系统调查》报告五方面要点，应特别关注：开发全球综合性预警系统；构建全国性“以人为本”的预警系统；弥合全球预警能力存在的差距；为预警建立扎实的科学和数据基础；

为全球预警系统的建设提供制度基础等。

令人瞩目的是国家“千人计划”专家王暾博士研究的地震预警技术正成功走向应用：2017 年 8 月 8 日九寨沟 7 级地震前，汶川所有电视节目立即中断，紧急插播地震预警，比地震波抵达提前了 52 秒；成都市民众也通过手机在地震波到来 71 秒前收到预警，“四川科技”等 20 个政务微博和手机 APP 都发出预警，这个事实令世界同行惊讶。减轻地震灾害，显然在两头：一是筑起抗灾防线，建设隔震减震的弹性建筑；二是要敢于问津“天灾难测”之路，抢先发布可靠的地震预警。这些不仅需要国家对人才的重视，更需要有科技创新机制生态土壤的政策，有政策就有中国减灾科技做出新贡献的希望“明天”。

四论：文化重建对汶川发展有特殊之力

记录摄影和文献摄影的重要性不言而喻，它在普及知识、披露真相、抵抗遗忘、归纳并解析时代事件等方面有强大优势，更可医治国家记忆上的“健忘症”。汶川地震十周年时的影像记忆，可以将挫折变成奋进的催化剂。2018 年 5 月先后在北京和上海展出了“城影相间——汶川十年，规划行动”影像展，不少作品通过对汶川地震后城市的摧毁告诉观众：几十年来，依托城市化的大发展，城市建设以“一年一个样，三年大变样”的速度，“人定胜天”般地改造着自然，对自然界破坏加大，城市生态安全意识淡漠，致使强震下出现了大片自然地景“嗜血”的伤口，反之它说明城市的人工建造者是何等渺小，这正是用摄影文化之力对以汶川巨灾为代表的城市生态安全现状的揭示。

天地万物是领悟世界的源头活水，灾后的文化重建成为灾区发展振兴的最好答卷。如“5・12”汶川巨灾让世界文化遗产都江堰遭重创，四川地理标志之一的二王庙损毁高达 90%，其保护抢救工程受到国家高度重视，灾后文化重建在二王庙“挖下第一锄头”。灾后重建使四川文化遗产迅速实现了提档升级：2009 年 5 月 12 日，茂县羌族博物馆奠基重建；2011 年 4 月 21 日，二王庙在大地震 3 年后首次向世人开放；2013 年 5 月 9 日，“5・12”汶川特大地震纪念馆（北川地震纪念馆）正式对社会开放，这些文化地标重新矗立于巴蜀大地，向世界昭示国家传承历史文脉、保护世界遗产的强大行动力，同时体现了文化惠民、文化富民、文化乐民的精神。汶川大地震，时任国家文物局局长，现为故宫博物院院长的单霁翔同志在为“5・12”汶川大地震十周年撰写回忆文章时，总结了六点灾后文化重建的经验：大力发扬国家集中力量办大事的优势；灾后文化遗产保护要尊重保护工作的规律；扎实做好文化遗产保护事业基础工作是关键；强化应急管理能力建设，可最大限度地减少突发事件对文化遗产造成的危害；提高文化遗产部门对自然灾害的综合防范和抵御能力，需加强与灾害防御相关部门的联系与交叉研究；文化遗产根植于特定的人文与自然环境，民生为先且满足灾区精神文化和情感需求至关重要。

五论：防灾减灾要瞩目国际新趋势

1976 年唐山大地震缺乏国际合作救援的教训至今记忆犹新，而“5·12”汶川巨灾的严重损失，提醒国人要充分重视减灾科技和国际合作在抗震救援中的巨大作用。《空间和重大灾害国际宪章》即《在自然或技术灾害中协调利用空间设施合作宪章》（中国 2007 年 5 月 4 日加入），“自然或技术灾害”指由飓风、龙卷风、地震、火山爆发、水灾或森林火灾等自然现象或由碳氢化合物、有毒或放射性物质等技术事故造成大量人员伤亡和大规模财产损失等巨大损害的情形。汶川巨灾后一小时，中国国家航天局正式启动国际减灾合作机制，向《空间和重大灾害国际宪章》相关成员提出卫星数据申请，收到多国机构向中国无偿提供卫星数据的技术支持。如果说，汶川地震十年改变了什么？凝聚科技进步和国际力量的无私援助也是重要方面。为此我们建言要将国际最前沿的“重建得更好”的理念在中国推广，即 BBB（Built Bake Better），其含义是使灾前的脆弱性不再出现，将减轻灾害风险等理念纳入开发计划中，使国家、城市和社区具有抗灾能力（韧性）。中国当今最重要的减灾合作“点”是，加强减灾信息的共享与交流；加强减灾特殊人才的国际视野培训；打通资金、技术、物资、快速出访的国际合作无障碍之路。

此外，强化社会应急动员机制建设更是国际之思。有统计说，“5·12”震后 40 天内，有超过 130 万人次的中外志愿者在灾区工作，当然由于缺少专业有序的调配，有“一拥而上，早来早抢”的混乱局面。事实上，自 2008 年汶川地震、2013 年芦山地震，再到 2017 年九寨沟地震，社会应急动员组织参与的规范化水平明显提升。在国外应急管理绩效评介中，应急社会动员力量的有效参与是关键的指标之一，它指非政府组织（NGO）、社区公民个人等社会团体力量。国外不少政府虽有应急体系，但面对突发事件对关键系统的摧毁，也迫切需要社会民间之力弥补政府的缺位。如

1999年土耳其玛尔玛拉地区7.4级地震，超过1.7万人丧生，政府一度瘫痪，而40个非政府组织统筹成立“公众社会地震协调委员会”，为超过25万灾民提供各类物资，搭建帐篷，此类事件亦发生在2010年巴基斯坦大洪水受灾民众的救援上。美国的《灾害救助法》尤其重视民间组织、企业与个人在灾害中的作用，21世纪前10年，美国全国志愿者的平均参与率在26.5%以上，这是树立应急管理人本理念与社会责任意识的关键。政府的应急管理提供的产品是公共安全，那么强化中国城乡社会应急动员能力建设乃当务之急，特别要跨越我们还处在无规则的摸索阶段之境。

六论：应急管理部要在依法推进综合减灾建设上作为

应急管理部的创生是中国减灾的希望“元年”。按照国务院赋予的职责，应急管理部的作用在中国减灾史上破天荒地要做到综合减灾的管理、常态化为先的应急部署、统一协调的防灾减灾机制，它是真正意义上各界呼吁近30载的综合减灾的实现，重在将安全减灾常态与应急资源“拧成一股绳”。应急管理部至少在如下方面对中国安全减灾起到推动作用：①真正意义上的综合减灾的政策与立法，其中包括全灾情的管理、全风险的认知、综合的而非单一灾害的处置、历史与未来的回溯与前瞻分析等；②真正意义上应急与常态相结合的管理，大量个案说明，常态化管理不到位，会使应急事件爆发时的管理常常陷入“亡羊补牢”的“怪圈”，乃至给正常的应急管理“添乱”；③应急管理部还重在协调综合减灾管理机制。

历史地看，2007年11月1日施行的国家《突发事件应对法》是我国应急管理领域第一部基本法，它虽然在2008年春冰雪之灾、2008年汶川大地震乃至2008年北京奥运会、2010年上海世博会等国际大事件上发挥了作用，但由于其过于宏观（包括反恐安全等），所以在防灾减灾综合应急管理体系上还欠专业化、协同化与针对性，特别是在与新组建的应急管理部的职责衔接上，均将暴露出问题。为此借鉴发达国家均有《国家减灾基本法》的成功例子，建议我国应专门组织编研综合减灾与常态应急相融合的《国家减灾基本法》。要注意，综合减灾法律的含义在当下有变化，它不仅仅是一种手段，更成为一种有序状态的保障，法律秩序优于放任行动，会给社会的安全生产与安全生活带来稳定与安全，可以从容不迫地应对各类灾难的应急处置管理，使体制与机制有位、有为地发挥其应有作用。

城市建筑的呼唤

张松

城市建筑，包括城市与建筑的关系，本来应当是城市规划师和建筑师都必须高度关注的实践课题。遗憾的是自从第二次世界大战结束后，对城市大规模的改造似乎就没有消停过。时任纽约市及长岛等地总规划师的罗伯特·摩西（Robert Moses），成为第二次世界大战后纽约这座现代主义风格城市的缔造者，他常常被人们比作巴黎第二帝国时期的奥斯曼（Baron Haussmann）。摩西，抱有一种以 20 世纪多种艺术形式对旧城进行更新的梦想：创造出一个不断运动着的系统。旧城更新以消灭城市街道为开端，以彻底改造现实的城市结构为目标。这个系统将城市作为车流的障碍和衰败的街区对待。这种新秩序的建设消灭了千万个城市街区（参见 Marshall Berman《一切坚固的东西都烟消云散了》）。只有少数像格林尼治村（Greenwich village）这样具有历史风貌特征的街区，在受到简·雅各布斯（Jane Jacobs）及市民社团的强烈抵制后，才在中止快速道路建设计划后得以幸存，如今已被划定为纽约市的历史地区。

20 世纪中期开始的城市更新运动，为了快速交通消灭了旧城的街坊和街巷。如同马歇尔·伯曼（Marshall Berman）所言“现代性的发展使现代城市本身变得陈旧过时”，“城市的人民、图景和制度创造了公路……由于城市与公路走不到一起，城市就得靠边站”。20 世纪 80 年代之后，诸多的中国城市步其后尘，而且其旧城更新改造的规模和速度都远远超过了欧美城市。

20 世纪 80 年代以来，欧美城市已经意识到这样一个事实：当汽车成为城市最大的威胁时，街坊和街巷均将为快速道路所取代。城市建筑，这一具有历史积淀、形态肌理和文化魅力的生活容器也都将随之减少。

城市化的快速推进和旧城更新改造的迅猛清除，让城市变成了人们不再熟悉的家园。开发商则全然不顾可能让居民彼此疏远的后果，更愿意完全通过经济价值来理解所谓的建设成就。然而，城市建筑实体和街巷空间，作为城市活的历史文档、市民的共同记忆和环境美学的形式存在，是形成美好城市的基本要素。而一座好的城市应该是所有人都能安居的地方。阿尔多·罗西（Aldo Rossi）认为“城市就像是件艺术作品，是记忆的集合，也是建造物的凝聚”，他一直为那些永恒的累积、城市的肌理和建筑的片断着迷，也通过它们来表达自己的建筑。因而，可以说城市规划师和建筑师的最终职责应当是致力于创造可居住（habitable）的世界，在这个世界中，人类不仅要能够生存，还要能够表达和发扬文化。

美国在第二次世界大战后短暂的旧城更新，引发了城市规划由注重形体与功能向强调公众参与的历史性转型，社区单元及环境成为城市生活中日益重要的场所和值得关注的对象。在规划设计的过程中，社会公平性、空间多样性等也越来越多地得到关注和体现。但是，在国内的旧城更新改造项目中，当建筑的价值与地价相比显得微不足道时，建筑（包括一些还在使用期限内的不那么老旧的建筑）就会被彻底拆除。显然，如何扭转城市的无序开发和野蛮改造，恢复城市适宜的居住、工作和休闲环境，实现真正的转型发展和美好城市建设，依然面临着巨大的挑战。

英国建筑理论家彼得·F. 史密斯（Peter F. Smith）认为，建筑“价值的标准多半与实用性无关，或几乎无关，否则为什么要保存被毁坏的神庙和城堡呢？作为单体的建筑以及作为城市形态的建筑，是审美和象征体验的一个巨大来源。这就是不可避免的艺术（unavoidable art）”。在快速发展的 30 年中，我们完成了超出欧洲城市数十倍的建设量，也通过国际招标和邀请大师设计，制造了无数的前卫风格和先锋实验。而这种“在风格上和经济上的冗余（redundancy）现象，驱使人们有必要讨论‘城市伦理’（urban ethic）的基本问题”（埃蒙·坎尼夫《城市伦理》）。

人人都梦想世界会变得更美好，而在具体的行为上又没有任何人关心自己的所作所为是否为美好的未来带来负面影响。拆旧城，毁灭了数代人创造的城市历史文化积淀；造新城，造成了没有人情味的“诸事不便”环境。维特鲁威在《建筑十书》中确定的“坚固、实用、美观”三原则，恐怕早就没有多少建筑师把它当回事了。早在 20 世纪 70 年代，英国皇家建筑师学会主席 Sir Alex Gordon 就曾呼吁，一个好的建筑应当以“延长使用寿命、提高适应性、降低能耗”（long life，loose fit， low energy)为原则。这也是今天推行城市可持续发展应遵循的一个原则。建筑应当努力达到“长寿命、宽适应、低能耗”的要求。而且，在强调“可持续性”的时代，美观（delight）依然是一个重要的标准，有时这个标准被那些用眼睛仅仅盯住生态目标的建筑师有意或是无意地忽略了。有些流行生态形式的建筑，在外墙材料和某些部位用上一点环保新技术就以为是绿色建筑了，其实这是很不负责任的做法。真正的低碳建筑是有益于城市环境的，其使用和运营也应当是低成本、易维护的，还要能够为居民和使用者带来便利，成为城市的愉悦景观和地方的文化标志。

意大利著名建筑师阿尔多·罗西（Aldo Rossi）在其名著《城市建筑学》中指出：作为人类建设的建筑场所，它们具有一种场所和记忆的普遍价值……如果没有这种场所，一个环境的灵魂将是摸不清和捉摸不定的。罗西之后的建筑评论家认为，基于《城市建筑学》理论所设计的建筑通常看上去会是城市中的一部分，而不会与城市格格不入。

显然，认识到城市空间的文化价值，关注到城市环境的社会意义，才能设计出既有时代风格又具地域特色的优秀建筑。加强城市建筑相关学术课题的研究，包括对建筑思想的表达与传播，对城市建筑文化的传承给予必要的重视，在城市设计、遗产保护和城市复兴等相关领域推动好的“城市建筑”设计实践探索，相信这也是在快速城市化之后进入追求环境品质时代的迫切需要。

（同济大学城市规划系教授、博士生导师，中国城市规划学会规划历史与理论学委员会副主任）

怎样美化苏州市

俞平伯

编者按：俞平伯（1900—1990 年），诗人、散文家、古典文学研究家、红学家。该文发表于 1956 年 9 月 11 日《人民日报》。它让人联想到新中国成立之初，北京、南京、苏州等古城的开发建设成为文化人士关注的问题。俞文从分析苏州园林建筑和城池建筑特色入手，随后对“拆城填河”提出意见，其目的是希望能最大限度地保留苏州古城墙，并建议美化市容“应有远景规划”。俞平伯是苏州人，文中可体味到作者对桑梓的关注，渗透出“乡愁”般对故土的挚爱之情。

苏州是个美丽的城市，历史的古迹亦很多。美化市容是很有意义的，且有足够的条件。第一，园林的建筑艺术继承宋、元、明、清四代的传统。如沧浪亭、网师园都是宋，狮子林是元，拙政园是明，留园等是清。虽已不能完全跟原来相同，却总保存了相当的规模。现在几个主要的名园都修整了，保存了传统的风格，可谓修得又好又省。但还有一些重要的，因限于经费尚未修缮，如网师园已荒废了。环秀山庄假山还在，房屋已很少。惠荫园在一个学校里，它的假山水，公众不容易看到。据苏州市文物保管委员会人说，全市大小园林有百余处。它的缺点就在于分散。将来逐步修建，用花木的荫道连接起来，则全城可成为一个大花园。

其次，城池的建筑，原来城区的规划，不但是“古”，而且很好。苏州城建自春秋吴国，距今 2500 年，后来将土城改筑砖城，而规范大致如昔。至今所谓“六城门”，如阊门、胥门等，还沿袭春秋时的名称。在全国范围，这样的城就不多。街道纵横平行相交，作棋盘式。水道也是这样，主要的城河，所谓“三横四直”。城圈以内以外都有城河如带地环绕着。这跟北京是一个格局。很显明，不是谁因袭谁，乃同出一源。

这是中国古代城池建筑规划的优良传统。

苏州园林旧景

现在本地人士要现代化苏州市，这本是好的。对于“拆城填河”，个人有些不成熟的意见。就拆城说，若为交通方便起见，则功用并不多。它以里外两条城河（外城河是运河胥江，不能填塞，内城河现市府已在疏浚）环着，交通主要靠桥梁，不拆是这样，拆了也还是这样。要使城内外交通便利，多开些“豁口”，造些平桥也就可以了。若从另一方面想，城垣现虽失掉军事防御的价值，但它本身亦是古代建筑艺术之一。如适当地保存城垣，配着里里外外的河水，河边种了花柳，更有北寺、瑞光等古塔点缀着，并不费多少人力，而处处都是公园。拆了城，在古迹名胜方面却有不小的损失，而且是得不偿失的。

填河情形稍有不同，亦复类似。为了居民的卫生，适当填平一部分缺少水源淤浅的小浜，像苏州市目前这样的计划也是对的。但大体上还该保存水网城市的特色。古人所谓“户藏烟浦，家具尽船”。今昔情形虽很不同，但“小桥流水人家”这种光景，苏州城里往往可以看到。像菉葭巷、钮家巷，那一面河房临水，这一面靠河是树木，过来是窄窄的一条路，道旁又有人家。两岸之间，好些小桥横跨着。这样的巷陌表现了水国的风光，非常秀美。水和树木，在都市里，仿佛美人的一双眼睛。有人或者觉得城河很脏，这也是事实。但我以为水的洁净污秽不是本身的问题，在于人们把不把水弄脏。疏浚水道，经常保持清洁，一面美化城市，一面并不妨碍环境的卫生。这比一味地填塞，似乎要好一点。将来河道旁边种上花草树木，苏州的市容就可以更美丽了。我们不仅应为目前打算，还应该有远景的规划。

推荐刘学军的《中国古建筑文学意境审美》

曾昭奋

青年建筑师刘学军花了十年时光，为上万篇文学作品寻找它们所吟咏的对象，又为成千的古建筑找到它们的知音。两个方面结合起来，就成了《中国古建筑文学意境审美》这本书的素材。人们常说的“建筑艺术与文学艺术联姻”，事实上我们的先人早就这么做了，刘学军这十年中则做了集大成的工作。刘学军 1990 年毕业于太原理工大学建筑学专业，目前在山西省建筑设计研究院任职。所说的“十年时光”并不确切，当他还在念小学、中学的时候，他就开始了古诗词的搜集、 辑录工作。王孝雄教授一直支持、鼓励他的这位学生的“业余爱好”，并热情为本书作序，向建筑界朋友们推荐了这本好书。 我很为刘学军的辛勤和执着所感动。彭一刚、杨永生、程泰宁、顾孟潮诸先生读了本书之后，都给了积极评价。全书近 110 万字，一共选录了亭台楼阁、园林寺庙、城关桥梁等共 644 个单项。每个单项下面是历代文人、史家、官员、游客们的赞颂、歌咏或笔记，加上著者对建筑实物、史料的介绍和文学意境的分析和论述，洋洋洒洒。有不少单项所集的内容都可以单独出一本“建 筑 + 文学”的单行本。下面，让我们举例看看，著者是如何理解和揭示“建筑 + 文学”的意境的。

鹳雀楼（山西省永济县西南，遗址）

《登鹳雀楼》/ 唐 · 王之涣（688—742 年）

白日依山尽，
黄河入海流。
欲穷千里目，
更上一层楼。

头两句仅十个字就把高山、大海、落日、黄河巧妙地组合成一幅宏伟壮丽的画面。第一句是实写，写的是眼中之景；第二句是虚写，写的是诗人无法看到的黄河入海的意中之景。这种把眼中景与意中景融合为一的写法，增加了画面的广度和深度。壮丽的景象激起了诗人放眼远望、继续登高的豪情。后两句即景生意，把诗的意境推向了高潮。这首诗以景抒情，以情纳理，达到了景为情使、以情为根、理随情现三者合为一体的完美境界。诗中表现出高瞻远瞩、积极向上的精神，读后令人心胸开阔，精神振奋，使它成为登楼诗中的千古绝唱。

辋川庄（传陕西蓝田终南山下）

《积雨辋川庄作》/唐·王维（701—761 年）

积雨空林烟火迟，
蒸藜炊黍饷东菑。
漠漠水田飞白鹭，
阴阴夏木啭黄鹂。
山中习静观朝槿，
松下清斋折露葵。
野老与人争席罢，
海鸥何事更相疑？

诗人熟练运用律体形式，精确提炼诗歌语言，抒写了对眼前生活场景真实、细致的内心感受。他是朝官、名士、佛徒、隐者，又是杰出的诗人、画家。来到辋川庄，他摆脱了仕途烦恼，保有佛徒、隐者胸襟，接触的是农民、山林、水田和禽鸟，这使他的艺术才能得以自如地发挥，写来轻松自然，宛若天成。

郁孤台（江西省赣州市）

《郁孤台》（节录）/宋·苏东坡（1037—1101 年）

山为翠浪涌，
水作玉虹流。
日丽崆峒晓，
风酣章贡秋。
丹青未变叶，

鳞甲欲生洲。
岚气昏城树，
滩声入市楼。

碧浪涌起了座座山峰，流水像彩虹一样闪烁着五色光泽。崆峒山一片风和日丽，贡水、章水则在风中展示出秋之热烈奔放。丹青树（华盖树）的叶子还没有变色，而暴涨的秋水似乎要再生出一片小洲。山岗、雾气、昏城、古树、滩声，与城市的楼阁民宅组成了一幅秋天的秀丽画图。

平山堂（江苏省扬州市）
《西江月·平山堂》/宋·苏东坡
三过平山堂下，
半生弹指声中。
十年不见老仙翁，
壁上龙蛇飞动。
欲吊文章太守，
仍歌杨柳春风。
休言万事转头空，
未转头时皆梦。

苏东坡第三次置身于恩师欧阳修所建的平山堂中。欧阳公虽早已仙逝，但堂中壁上仍刻有他的手迹。瞻仰遗泽只觉龙蛇飞动，令人发扬蹈厉。作者抒情时，倾谈肺腑，语真情挚，有强烈的感染力。叙事铺陈，慨叹自己半生窘蹙困踬；缅怀恩师，展现广阔的社会背景。这种情景交融的创作手法，也展现了平山堂的内涵和风韵。

沈园（浙江省绍兴市，遗址）
《沈园》（节录）/宋·陆游（1125—1210年）
城上斜阳画角哀，
沈园非复旧池台。
伤心桥下春波绿，
曾是惊鸿照影来。

诗人在忧伤惆怅中突然陷入了已逝的美好幻想，为我们勾勒出了一个依稀的梦，一个带泪的笑靥。他仿佛从那当年曾共同走过的桥下的池水中，看到了那个他熟悉的丽人正踏着轻快的脚步飘然而来。一个朦朦胧胧，飘飘忽忽，犹如凌波仙子一样的幻影呈现在读者面前。

嘉峪关（甘肃省河西走廊）

《出嘉峪关感赋四首·其一》/清·林则徐（1785—1850年）

严关百尺界天西，
万里征人驻马蹄。
飞阁遥连秦树直，
缭垣斜压陇云低。
天山巉削摩肩立，
瀚海苍茫入望迷。
谁道崤函千古险？
回看只见一丸泥。

林则徐以禁烟、抗击英国侵略者而获罪，清道光二十一年（1841年）六月充军伊犁。经过途程漫漫的跋涉，次年十月抵达嘉峪关。而对这依山而建、居高凭险的要塞，老将的胸襟顿然更加壮阔，写下了这首风格高壮的七律。在这里，万里雄关成为他意趣咸通的审美对象，诗境显得极为苍莽辽远。这种雄壮阔大也正是作者胸襟气度的展示，读者也可明鉴这位爱国者的人格。

还有滕王阁/唐·王勃（650—676年）《滕王阁序》、岳阳楼/宋·范仲淹（989—1052年）《岳阳楼记》、放鹤亭/宋·苏东坡《放鹤亭记》等，都是“建筑+文学”的精品。实景的建筑化作了意境的华章，推动读者进入一个建筑的文学审美过程。当然，从文学作品的审美到建筑创作的灵感再到建筑创作，还须下一番琢磨、消化和转化的工夫——这将大大有助于 建筑师丰富自己的文化涵养，提升自己作品的文化含量，增加自己作品的诗情画意和人情味儿。因此，我们往往可以看到，有些建筑作品生活气息较浓，有更多的“语言”和“词汇”，甚至文采斐然，以至于可以听到人们称赞这个建筑“是一首诗”，那位建筑师“是一位混凝土诗人”。北宋时，僧人智仙建了一个亭子。苏东坡的老师欧阳修（1007—1072年）写了一篇亭记曰“有亭翼然临于泉上者，醉翁亭也”，也成了“建

筑 + 文学”的双璧，流传千古。900 年之后，同样的意境出现在美国建筑师赖特（1869—1959 年）的笔下，出现在 *Kaufmann House on the Waterfall*（1936 年）：“翼然临于泉上者，别墅也。”而我们中国建筑师却未能从僧人智仙和欧阳修的“建筑 + 文学”中汲取灵感，灌注到一个新的作品中。可能会有很多建筑师读不到刘学军的这本书，这不要紧。刘学军的多年耕耘和书的本身告诉我们：这许多古建筑，这许多诗词歌赋、笔记文章就在你的身旁，就在你的眼皮底下，就在你家中或图书馆的书架上。当你登上岳阳楼，游览醉翁亭，抚摸圆明园废墟上的断石残碑时，你也可以看到它们，读到它们，但你却曾轻轻地放过了。对于这类文学作品，最好能反复阅读，反复背诵。但是据我本人的经验，背诵的事许多在小学时代完成。当时背诵的《岳阳楼记》和《黄鹤楼》等一些诗词，至今没有淡忘。长大以后，不知读了多少遍阿房宫、醉翁亭、滕王阁，充其量只能强记一些片断，整个的篇章是无论下多大决心也背诵不了。经常翻读刘学军这本书，可以弥补这种遗憾。

附注：

①2018 年 1 月，由《建筑评论》编辑部编，曾昭奋著，两院院士吴良镛提写书名的《建筑论谈》出版（天津大学出版社）。本文为该书选录的文章。

②该文写作于 1999 年 7 月。

③《中国古建筑文学意境审美》（中国环境科学出版社，1998 年），作者系建筑师刘学军。

建筑批评的模式（六）

郑时龄

20 世纪 30 和 40 年代出现的现象学以及存在主义的批评，在重点研究文学作品的同时，开始关注读者的接受问题。现象学是 20 世纪初由德国哲学家胡塞尔（Edmund E. Husserl，1859—1938 年）创立的，到 20 世纪 40 年代后，发展为西方最重要的哲学思潮之一。现象学哲学是 20 世纪最重要的四个哲学运动之一，与分析哲学、结构主义哲学、西方马克思主义哲学并列。现象学研究的是川流不息的意识活动即意识自我呈现的现象。建筑的现象学批评是以建筑文本为主的批评，从建筑的形式结构中，寻找建筑和以人为核心的具体的存在空间、建筑空间和场所的意义。从真实的现象中寻找建筑的思想，寻找建筑空间与建筑体验的关系，寻找建筑与场所的联系。

一、现象学的概念

在讨论建筑的现象学批评模式之前，我们先来读一首唐代诗人杜甫的绝句：两个黄鹂鸣翠柳，一行白鹭上青天。窗含西岭千秋雪，门泊东吴万里船。

这首只有 28 个字的诗十分完美地表达了字里行间中展现的空间感和场所感，既有在绿树丛中的鸟鸣——一种活力的表现，时而又出现了白鹭，飞上蓝天，一下子将叙事的空间拓展开来；继而将视线伸向历经千秋的远山，又有来自万里之外的航船。仔细想一想的话，还可以将故事继续展开，有很多的回味，天地神人之间的关系在这里有着充分的表达，从中展示了现象学的一些基本原理。

美国哲学家詹姆士·艾迪（James M.Edie，1927—1998 年）曾如此为现象学下定义：

“现象学并不纯是研究客体的科学，也不纯是研究主体的科学，而是研究‘经验’的科学。现象学不会只注重经验中的客体或经验中的主体，而是集中探讨物系方体与意识的交接点。因此，现象学研究的是意识的意向性活动，意识向客体的投射，意识通过意向性活动而构成的世界。”

现象学的出发点是一切意识都具有“意向性”，即意识不是被动地承受、容纳客体，而是主动地占有它。现象学的目的是通过“还原”的方法对直接呈现于意识中的东西做出非因果性的描述。

从希腊词源上说，现象学本来的意义是“让人从显现的事物本身那里，如它从其本身所显现的那样来看它”。有人说，法国数学家、哲学家笛卡儿（Rene Descartes，1596—1650 年）是现象学方法的创始人，现象学方法经历了从笛卡儿到黑格尔的前发展阶段，他们把批判作为一种哲学思维的态度和哲学方法。现象学兴起于 19 世纪末，到 20 世纪成为西方哲学的主要流派之一，现象学运动和分析哲学运动代表了欧洲大陆和英美哲学中最主要的思潮。因此，现象学哲学影响深远，涉及哲学、人类学、心理学、社会学、历史学、伦理学、美学、宗教学等自然和人文科学学科。同时，也形成了各种流派，如以德国哲学家、存在主义的创始人和主要代表人物海德格尔为代表的本体论现象学，以舍勒为代表的价值现象学，以法国哲学家梅洛 – 庞蒂（ Maurice Merleau–Ponty，1908—1961 年）和让保罗 · 萨特为代表的存在主义现象学，以埃利亚蒂和马塞尔（ Gabriel Marcel，1889—1973 年）为代表的宗教现象学以及以法国美学家杜夫海纳为代表的审美经验现象学，以德国哲学家胡塞尔为代表的描述现象学。

现代意义上的现象学是 20 世纪初由德国哲学家胡塞尔创立的，胡塞尔第一个使现象学成为哲学的万能钥匙。到 20 世纪 40 年代后，现象学发展为西方最重要的哲学思潮之一。实质上，按照克劳利和奥尔森的观点：

“现象学并不是一种哲学体系，而是一种研究哲学的方式，一种分析意识对象——内在的或外在的、事实或过程的——一种方式，以便确定它们基本的必要的特征，它们是如何呈现于意识的，以及我们可以得到关于它们的什么知识。”

因此，现象学的意义在于它是一种哲学方法论，它的现象学还原的原则为研究哲学与建筑理论提供了一种新的方法和思想体系。胡塞尔认为，哲学的任务是精确地描述人类的意识，也就是描述具体的“经验世界”，它独立地经验一切预见，无论这些预见来自于哲学还是常识。现象学研究的是川流不息的意识活动，即意识自我呈现的现象。胡塞尔所谓的现象，是对象、被知觉之物在意识、知觉过程中构造自身所显现的意识现象。胡塞尔通过现象来研究意识，在他看来，任何事物，不管是理想中的、想象中的还是现实存在的，只要它能使自身显现于人的意识里，那就是现象学所指的现象。

现象学研究的是一切意识都具有的“意向性”，即意识不是被动地承受和容纳客体，而是主动地占有它。意向性关系是人类与世界的最深刻而又最亲密的关系，现象学的目的是通过“还原”法，对直接呈现于意识中的东西做出非因果性的描述。胡塞尔的现象学影响最为显著的就是他那两个具有方法论意义的互为前提、互为因果的基本观点：回归事物本身和意向性。“回归事物本身”就是直观事物本身，即撇开事物的非本质部分，让现象的本质自己出来说话。为什么要回归事物本身，是由意识的意向性所决定的。人的意识或者现象在本质上是“意向的”，也就是说，它总是要指向意识本身以外的事物。因此，意识自身，也就是现象自身的面貌反而被遮蔽起来。如果想要一睹庐山真面目，也就是要发现意识自身的话，唯一的办法就是回归事物本身。

胡塞尔发现，意识总是“意向性”的，意向性并非是一种精心思考的意志，它总是指向一个“客体”。在整体的意识行为中，思想主体与它的“意向”的（或意识到的）客体，两者之间相辅相成、不可分割。因此，想象活动的现象同物理世界的现象有同等重要的地位。人们理解精神现象的存在，然后凭直觉来描述并清理它的含义，避开先验的科学分析和理性的逻辑推理。由此，胡塞尔宣告了一种新的哲学研究方法，舍勒就是将这种方法付诸实施的第一位哲学家，他所创导的是应用现象学。

德国哲学家赫尔曼·施密茨（Hermann Schmitz，1928— ）建构了一个新现象学的体系，这个体系在原则上并没有脱离传统现象学。它仍然是现象学的，其表述如下：①它限于描述现象；②它回避本体论问题。现象学的中心是对象如何在意识中显现并建构的问题，与任何一种形式的本体论无关。人要认识的是不可怀疑的事实，即现象。施密茨在对传统现象学的批判与超越中，确定了新现象学的基本原则和方法。新现象学又称身体现象学，是以人的身体情绪的震颤状态为基本研究对象的哲学。近年来，也有人试图将现象学哲学与我国古代的老庄哲学思想联系起来，用以开展东西方文学和艺术的比较研究。

二、现象学美学

最重要的现象学美学理论家是波兰哲学家、美学家罗曼·英伽登（Roman Ingarden，1893—1970 年）以及法国美学家杜夫海纳。现象学美学有三个要点：①艺术作品区分为不同存在领域的多层结构概念（现象学美学的本体论）；②客体结构与对客体的认识结构之间的关系（现象学美学的认识论）；③审美价值在构成“审美客体”上所起的媒介作用（现象学美学的价值论）。

罗曼·英伽登认为艺术作品源生于作者意识中的意向性活动，作品文本记录了这些意向性活动，因此使它们能够帮助读者在自己的意识活动中重新经验这部作品。记录了意向性活动的艺术作品包含多种成分，这些成分具有群众的势能，但不能被充分理解。另外，作品也包含了实际存在的许多“不确定点”。“积极的阅读”凭借暂时的意识活动过程呼应文本，而意识则“填满”了文本的这些潜在的、不确定的方面，这种阅读属于“共创性质”，由此发展了接受美学和读者反应批评。

杜夫海纳创导了审美经验现象学，他从审美对象入手，认为来自艺术作品的审美经验最为纯粹而又最为重要。审美经验是现象学美学的根源，它完成了现象学的还原。因此，艺术作品构成了审美对象的基本条件。杜夫海纳所谓的“审美对象”并非是纯客观的，批评主体和鉴赏主体的审美知觉也包含在内，是被感知的艺术作品。杜夫海纳强调审美知觉在审美经验中的重要作用，因为审美知觉是审美对象的基础，审美对象只有在鉴赏者知觉的积极参与下，才能成为完全的审美对象。杜夫海纳将审美知觉过程划分为呈现、再现和想象、反照和感觉三个阶段。杜夫海纳还提出了审美要素说，他认为艺术作品的审美要素是作品的材料被审美感知时所形成的那种东西。审美对象则是诸审美要素的组合。审美要素是主客体的共同行为，是审美对象绝对存在的基础之一。审美对象绝对存在的另一个基础是意义，意义使人集中注意力于审美要素，意义也构成审美要素的真正结构。审美要素是联系“被表现的世界”的深度与鉴赏者的深度的中介物，感觉就是这两种深度的相互作用。通过相互作用，知觉主体与审美对象达到和谐与统一。

现象学的目标是通过现象找到事物的本质，使事物还原到本质，回到最原始的意义中。应用现象学的方法，就可以通过文本、通过作品还原作者意识，找到读者意识与作者意识的契合点。关于现象学批评，我们在前面的第三章已经介绍过杜夫海纳的观点，杜夫海纳认为批评家有三个职能：说明、解释和判断。“说明”指的是以中立的态度将作品隐蔽的意义揭示出来，使之能被公众掌握。批评家的任务就是用比较清晰的语言将作品的意义加以表述，使读者大众得以理解。杜夫海纳认为这是现象学启示批评家的一种批评方式，是一种回到作品本身的批评方式。解释和判断不是现象学的批评方式，因为解释引进了作品之外的因素，而判断也取决于作品之外的价值标准。

“在我们以上所区分的说明、解释和判断这三种功能中，现象学首先肯定第一种，认为它应该指引其他两种。它不否认第二种功能，但它要求分清主观化的解释和客观化的解释。前者在已为作品限定的作者身上寻找作品的根源，后者使创造服从于心理学和历史学。现象学甚至不废除第二种解释形式，因为作品自身也趋向于对象化，但它指出这种形式有不足之处。最后，判断又怎么样？批评家不甘心情愿放弃这个赋予他权威与威望的功能。现象学也不禁止他们去进行判断，但它限制判断的运用，减低判断的妄自尊大。”

因此，现象学批评注重作品本身，注重探讨作品的意义，由“能指”寻找“所指”。严格意义上的现象学批评是由比利时批评家、日内瓦学派的代表人物乔治·布莱创始的，他在《批评意识》一书中明确提出了“批评意识现象学”，用现象学的意向性理论分析作品的存在与阅读活动。乔治·布莱以批评意识为核心描述了一种阅读现象学，他认为批评就是阅读，而阅读则是对作品的模仿，是一种再创造。乔治·布莱以后的日内瓦学派的批评家们，以现象学的意向性理论为基础建立了作品论，并求助于现象学的方法论来从事实际批评。

三、现象学与建筑批评

海德格尔把建筑看作是万物所归属的领域，建筑就是真正的栖居，建筑的意义就在于建筑是“提供了场所的物”。建筑与大地、天空、神圣者和短暂者有着密切的关系，四者相互统一，成为一个整体，建筑由此而获得意义，同时也表达了人与自然的关系。大地是建筑和人的存在的立足点，天空是宇宙的体现，神圣者是神性召唤的信使，而人则用神性度量自身，短暂者就是人的存在，也就是诗意的栖居者。海德格尔关于存在与精神、真理的关系，栖居与建筑的关系的论述，为建筑现象学提供了哲学基础。在《诗·语言·思》一书中，海德格尔引用了德国浪漫主义诗人荷尔德林（Friedrich Holderlin，1770—1843 年）的诗句，这首诗成为对诗意地栖居的具有象征性的诠释：

只要良善、纯真尚与人心同在，
人便会幸福地用神性度量自身。
神莫测而不可知？
神如苍天彰明较著？
我宁愿相信后者。
神本是人之尺规。
劬劳功烈，然而人诗意地栖居在大地上。

这首诗所表述的栖居被建筑现象学的创始人诺伯格·舒尔兹所引用，以表达“栖居”就是“存在”的意义。诺伯格·舒尔兹强调现象学方法在建筑研究中的重要性，他指出，建筑现象学是将建筑在具体的、实在的和存在的领域中加以理解的理论，将建筑看作是一个具体的现象，并以此来建立建筑理论的基础。他认为，人要栖居，就必须能够在环境中辨认方向，并与环境认同。简而言之，人必须能体验环境是充满意义的。所以，“栖居”不只是“庇护所”，其真正的意义是生活发生的空间，是场所。场所是具有清晰特性的空间，是生活世界，是由具体现象组成的生活世界，场所、场所精神和存在空间成为建筑现象学的核心范畴。建筑与场所之间应有一种历史发展背景上的联系、形态上的联系和诗意上的联系。建筑现象学也就是用现象学“回归事物本身”的方法，探索复杂意义之间的关系。

建筑的现象学批评就是以建筑文本为主的批评，从建筑的形式结构中寻找建筑和以人为核心的具体的存在空间、建筑空间和场所的意义，从真实的现象中寻找建筑的思想，寻找建筑与场所的联系。建筑的现象学批评必须遵循“现象学还原”的原则，由于“还原”而将视点引向建筑本身，研究并说明建筑文本，寻找建筑师的意向性，并用“意向性”描述建筑师的意识。建筑的现象学批评的任务就在于，通过建筑作品的认识与说明，感知建筑师的创造意识和设计模式。在批评的过程中，采取体验与再创造的方式，而反对先入为主的阐释性分析，反对强加于人。建筑的现象学批评要求批评家“自我隐没”，让作品自己说话，因此建筑的现象学批评是着眼于建筑文本分析的“内在批评”。建筑批评家在阅读与说明建筑作品的过程中，不可以添加任何不属于作品的东西，也不补充任何东西，力图保持原样。正如乔治·布莱所说的，批评是“对另一意识的批评”。建筑的现象学批评要求一种完善的批评，也就是从个别作品到创作整体的解释，然后再从创作整体回到个别作品，实现解释的循环。建筑的现象学批评主要适用于对某一个建筑师的系统的批评。

挪威建筑师延森（Jan Olav Jensen，1959— ）和斯科温（Borre Skodvin，1960— ）设计的莫腾斯鲁教堂（Mortensrud kirke，2002 年）位于奥斯陆郊区一片由松林覆盖的小山丘上，教堂同时也是社区文化中心。外墙采用了采石场的废料，巧妙地砌筑成室内平整的墙体，具有丰富的装饰性，与环境和谐共生。除了清除基地上的表土以外，建筑师对场地几乎没有任何改动，松树留存在成长的地方，室内地坪上凸出的岩石也是原来的地基，建筑仿佛是从基地的岩石中生成的。

20 世纪 40 年代北京中轴线古建筑测绘史略（一）

崔勇

一、引言

1941—1945 年间，在日伪统治下的北平市，时任伪建设总署都市局局长、伪工务总署都市计划局局长的林是镇备感民族危亡与救亡图存的文化历史使命刻不容缓，在中国营造学社社长朱启钤、伪建设总署署长殷同的支持下，委托基泰公司建筑师张镈承担北平城中轴线古建筑测绘的工作，天津工商学院建筑系和北京大学工学院建工系师生及基泰公司部分员工共约 30 人参加了测绘的全程工作。这是张镈率领一批志同道合的师生对以故宫为中心的北平城中轴线重要建筑进行的全面测绘，是京城建设史的首次。测绘活动历时三年，共绘制各类建筑测绘图 660 幅，是目前为止最为完备的故宫营造信史资料，具有历史价值、科学价值、艺术价值。

北京中轴线的建设规划及其建筑群基本保持了元、明、清三朝京城的规划与都城建筑历史原貌，是代表中国古都最高规格与水准的建筑形态，成为中国古都规划建设的“活化石”。北京中轴线的长度、规模、空间规划与建筑布局之严谨，堪称人类城市规划与建筑史上的奇迹。北平城中轴线古建筑测绘是在中国面临抗日战争日伪统治时期的北平特殊历史环境下的一项重要的文物保护活动，为北京古建筑保护与传承做出了卓越的历史贡献，历史当识之。

二、工作缘起与过程

1940 年夏，北平沦陷期间，中国营造学社迫于战事危机而辗转西南腹地，由梁思成、刘敦桢负责继续古建筑考察、测绘、保护与研究工作，朱启钤则坐镇北平，一方面继续保持与政府及社会各界的联系，另一方面亲自守护中国营造学社的图书资料，同时处理中兴煤矿公司不与日伪合作相关事宜，且居家养病而坚决不就职于日伪政府，表现出不同流合污的民族气节和爱国主义情怀。事实上，朱启钤此时的家境已十分困窘，不得不变卖家当与文物维持生计和雇人抄书与印书。尽管如此，他依然十分珍惜明清两代保存下来的文物建筑，认为中国历代宫室大都难逃500年轮回的大劫难，又加之传统木构经不起火焚、雷击，圆明园石构建筑也逃避不了兵火之灾，如不及时做现场精确实测而留下真迹，在日伪统治下的沦陷区的古建筑难免遭受不测。当时中国营造学社社员林是镇任北平都市局局长、建设总署署长，因同他也是相识的同人，保护文化遗产是他们的共识。因此邀请并推举当时主持华北基泰工程司业务的张镈以基泰工程司的名义，与故都文物整理委员会签订测绘故宫中轴线（天安门、端门、午门、东华门、西华门、角楼、太和殿、保和殿、中和殿、英武殿、文华殿等）以及外围的文物建筑（如太庙、社稷坛、天坛、先农坛、鼓楼、钟楼）的合同，北起钟鼓楼，南至永定门，测绘的重点为紫禁城内的主要建筑。测绘工作正式开始于1941年6月1日，计划到1944年年底完成全部古建筑测绘工作。张镈系东北大学建筑系高材生，当时任基泰工程司北京、天津两地分所的建筑师，同时兼任天津工商学院建筑系教授。在系主任沈理源及其主要教师的积极支持与配合下，天津工商学院建筑系、土木系师生开始作为主要力量参与此项浩大的北京中轴线古建筑测绘工作。当时平津沦陷，百业萧条，营造活动几近停滞，而天津工商学院建筑系、土木系青年学生则坚持不放弃专业，更不愿意出任伪职，而对保护祖国建筑文化遗产报以极大热忱，积极投身于古建筑文化遗产的实地勘测工作，为这组珍贵文物建筑将来若重建重修提供准确翔实的第一手数据与资料。他们搭制脚手架，不畏艰险，认真取得每个构件的实测资料，甚至在栏杆上、平台的台阶上作每步实测，对御路雕刻写生留存真迹，并附相应的照片，最后将每座建筑的平、立、剖面及构造详图均按照不小于1：50的比例尺，用墨线或彩色渲染绘制在5英尺×3.5英尺（约1.524米×1.067米）的进口高级橡皮纸上，其中一些大幅的建筑透视渲染图更是弥足珍贵。1943年年底，北京工学院建筑系的朱兆雪请中国营造学社有经验的绘图员邵力工和工学院讲师冯建逵带领部分学生也参加了建筑测绘。北京古建筑测绘的全部工作分三期，为期四年，最终共绘制图纸660余张，另外附有大量内外照片及测绘手稿。第一阶段开始于1941年6月1日。首先从北京城中轴线的最北端钟鼓楼建筑开始测绘，除了钟鼓

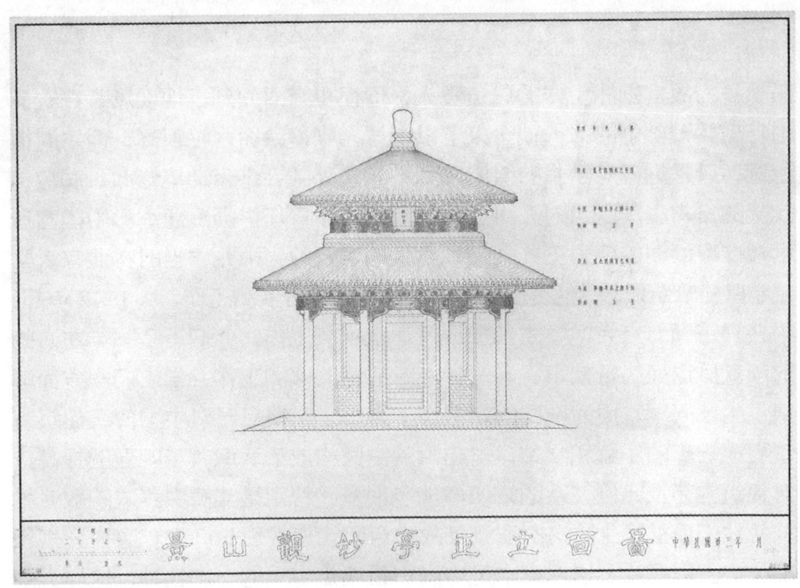

景山观妙亭正立面图

楼外，主要的测绘对象包括太庙、社稷坛以及天安门至紫禁城内三大殿、文华殿和武英殿等建筑，此为紫禁城的外朝部分，图纸基本在 1942 年年底之前绘制完成。第二阶段的测绘结束于 1943 年 12 月，这一时期测绘的主要对象是紫禁城内乾清门、后三宫、御花园以及北上门的中轴线宫殿，为紫禁城的后寝区建筑。第三阶段，从保存下来的测绘合约看，甲乙双方为工务总署都市计划局和建筑师张叔农，签署时间为 1944 年 3 月 1 日，测绘时间为期 12 个月。合约中规定了测绘的范围为永定、正阳、中华、地安等门及景山、天坛等大小建筑计 32 处，按要求完成 199 张测绘图。从现存的建筑测绘图纸中所标明的时间看，除了少数图纸绘制于 1945 年外，与合约中规定的时间即 1944 年年底基本是相符的。这些图纸没有制图单位和绘图人的姓名，只有绘制的时间记录。这是因为北京中轴线古建筑测绘成果的所有权是由当时伪建设总署都市局营造科责成，基泰工程司因此没有署名。图纸及资料在测绘结束后，由同生照相馆摄影师谭正曦拍成玻璃底版备存，全部测绘图纸交北平文物整理委员会保存，1990 年北京建筑设计院存有玻璃底版。

测绘就要针对选定的建筑进行实地测量，并按照一定的比例将实测出来的图案真实地记录下来，将量得的实际尺寸加以注明。由于张镈既要在基泰工程司担设计任务，又要在天津工商学院建筑系兼教学任务，虽然身为故宫勘测工作的总负责人，但很少有时间到工地现场，在实测进行到关键部位的时候他会来予以指导。张镈绘图水平很高，但平时很少画，只是觉得对学生的绘图感到不满意处才会亲自动笔修改、润色，实际的日常工作是当时天津工商学院建筑系青年讲师冯建逵和中国营造学社专事绘图的邵力工共同带领学生们进行的。朱兆雪当时在北京大学工学院建筑系任教，他提出要带领学生承包部分实测工作。从 1942 年起，朱兆雪带领北京大学学生参加故宫建筑实测工作，他们干了一年左右的时间就撤退而另行他事。通过参加对故宫的实测工作，学生们一方面解决了生计问题，更为重要的是锻炼了自己，使得自己对中国传统建筑有了更深一步的了解和学习，对建筑的空间构成的认识有了明显的提高，对建筑构造及比例关系的知识增加了很多，特别是实测中养成的敬业精神使他们受益终生。这次实测是故宫自明代建成后 500 多年来最大规模的一次工程测绘。这件事也是中国古代建筑史上的一次壮举，这样大规模的完整的建筑实测是前所未有的，这为弘扬我国悠久的历史文化传统增加了光彩夺目的一页，为日后修缮故宫并发扬前辈的聪明才智留下了宝贵的资料。

根据张镈《我的建筑创作道路》记载，1941 年从天津工商学院建筑专业毕业的学生有 11 人，其中 10 位参加故宫中轴线古建筑测绘工作的人员是张宪卢、虞福金、杨学智、高文全、林远荫、林柏年、陈濯、李锡震、李永序（尚有一名学生无从得知其名）等，土木系 3 名毕业生是张宪虞、郁彦、孙家芳。张镈为总负责人，冯建逵和邵力工负责日常指导学生实测。

据文物整理委员会至今健在的成员余鸣谦介绍，北京中轴线古建筑测绘的经费由伪建设总署专项拨款，文物整理委员会责成此项工作。文物整理委员会起先是将北京中轴线古建筑测绘工作委托给朱兆雪私立的大中工程司承办，但由于工作量多、涉及面广及经费拮据，测绘工作因人力不及而包揽不下，无法施展，于是委托实力雄厚、技术精湛的基泰工程司承办，朱兆雪私立的大中工程司仍然参与其中少量工作。经费支付有公有私，具体的金额数目待考。

三、建筑测绘及其成果

建筑测绘作为一门学科，是建筑学中国古代建筑专业必需的一门重要课程，也是中国古代建筑保护与研究必须掌握的一项专门技能。一般来说，建筑遗产的保护工作内容包括两个基本方面，一是日常性的长期

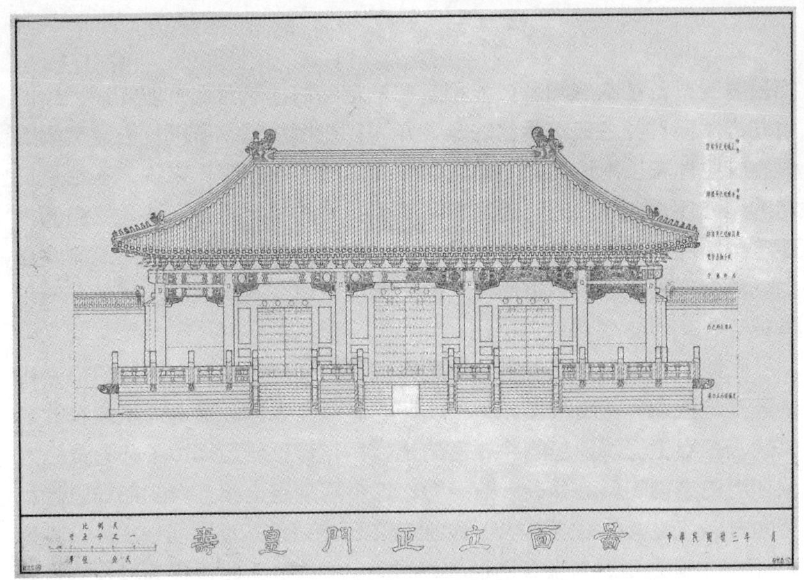

寿皇门正立面图

性保养和维护，以保持健康的状态；二是经常性的定期维修、加固，以消除各种破坏因素及破坏结果。不论是日常性维护还是定期的修缮，都需要有科学记录档案作为基础。一套完备的建筑遗产的科学记录档案由文字记录和图形、图像两个部分组成，它们的获得是通过查阅文献资料、调查访问、测量与绘图、摄影等多项实地勘察工作综合完成的。这些工作的成果详尽记录建筑物各个方面的状况：文字能够记录建筑物自创建以来各种相关的历史信息，还能够记录建筑物的历史变迁、历次修缮情况、形体特征、艺术风格、结构做法、细部装饰与处理手法；摄影与摄像能够忠实记录建筑物的全部及各个组成部分的形貌特征以及色彩、造型、细部装饰，尤其是可以再现建筑物的整体风貌和环境气息，传达出特定场所的文化氛围；建筑物的真实尺度、各个结构构件和各组成部分的实际尺寸、整体与各组成部分以及各个组成部分之间的真实比例关系等一系列的客观、精确的数据则需要由测量与绘图工作来提供，仅依据文字和影像是无法获取建筑物的准确历史文化信息的。测绘就是测与绘，由实地实物的尺寸数据的观测量取和根据测量数据与草图进行处理、整饰最终绘制出完备的测绘图纸两个部分的工作内容组成，分别对应室外作业和室内作业两个工作阶段。从测量学学科角度而言，古建筑测绘属于普通测量学的范畴，它综合运用测量和制图技术来记录和说明古代建筑。

测量需要具备基本的测量技能和掌握一定的古建筑营造专业知识，绘图也同样需要具备古建筑营造的专业知识和制图技能。所以，古建筑测绘具有专业性和技术性两大特点。对于建筑遗产保护工作来说，不论是日常的维修还是损坏后的修复乃至特殊情况下的易地重建，一套完整的古建筑测绘图纸是最基础、最直接、最可靠的依据。同时，古建筑测绘作为一种资料收集手段，也是建筑历史与理论研究不可或缺的必备环节和基础工作。

张镈当时在天津工商学院建筑系兼任“建筑理论”“中西建筑史和中国建筑构造”“建筑设计”三门课的老师。张镈以建筑师张叔农的名义代表基泰工程司承包测绘故宫的工作后，深感作为炎黄子孙有责任为保存历史文物的真迹尽最大的努力，这个观念是全部工作的指导思想和努力方向。建筑系 12 名学生，除金宝午因专研结构而未能参加外，其余 11 名学生都是当时有较高造诣的高材生。同时，土木系优秀毕业生张宪虞、郁彦、孙家芳等人也乐意参加测绘工作。此外，圣约翰大学毕业生沈尔明也慕名而来参加。加上基泰同人，在测绘技术力量上已经超过 20 人。老同学林镜宣的弟弟林镜新专司摄影，许致文女友兼任会计、文书及统计工作。尚有传统技艺的老架子工扎匠徐荣父子等专司搭配脚手架。一个 30 余人的精干班子在 1941 年 6 月初成立起来了。学校同意“承认到现场报告参加工作的同学算作提前毕业”。倘若没有这个精干的集体，没有一种共同的为保护祖国遗产争气留念的动力，不可能聚集得这么快，更不可能做到精心测绘，更不能在清苦的生活中忍受伪币贬值而始终斗志不衰，从而取得杰出的成就。张镈为保证建筑测绘质量而制定了严格的要求：第一，对实测要求既详且细，不放过细节，实测数据要经过经纬仪验证后方可予以落实；第二，绘制成品要求十分严格，对图纸的尺寸和选择，基泰工程司习惯于用不易撕裂破碎和耐磨的进口图布绘制重点工程施工图，因库存不多而新货未到，只得退而求其次地选用德国制造的 1.2 米 ×1.52 米厚橡皮纸。绘图工具以鸭嘴笔为主，黑墨水浓稠能防水，但比较黏着，每人配备整套仪器和作渲染的水彩原料，规定平、立、剖面以 1 ∶ 100 为主，细部大样分别采取比例为 1 ∶ 50、1 ∶ 20，个别的为 1 ∶ 10 的彩图。在勘测过程中，张镈要求学生及同人结合实践学习梁思成的《清式营造则例》并掌握科学抽象的道理。张镈在实际工作中告诉学生和同人，一些与则例不相符合的实际问题，犹如西洋学院派五柱式典范也不是针对一事一物抽象出来的，而是从若干同类型中加以科学的抽象，以柱径为依据而勾画出来的。《清式营造则例》以斗口为依据，宋《营造法式》把木材分为八等，大者为材、小者为栔，都是模数制与参数相结合的总结。《清式营造则例》与实物的微差正是科学抽象、化零为整的制作功夫。总结起来，大方面是一致的，还需要因时、因地制宜，予以分别对待，才是科学抽象又似又不似之所在。

张镈作为在东北大学建筑系受过系统训练的优秀建筑师，将理论知识付诸实践，通过故宫的建筑测绘所取得的成果，有力促进了中国古代建筑的保护与研究。张镈及其弟子们所测绘的北京中轴线测绘的图纸数量 660 余幅，图纸的类别具体情况见前述图例部分。此外，1948 年淮海战役期间，文物整理委员会在台北组织了一次文物展览，其中有 50 余张故宫建筑测绘图与彩色渲染图及照片，由文物整理委员会处长卢实以及技术人员余鸣谦、单少康等带往台北参展，后因淮海战役之故，50 余张北京中轴线古建筑测绘图纸与彩色渲染图及照片就留在台北。 这批图纸现在完整地保存在台北大学美术馆。加上故宫博物院和中国文化遗产研究院的 660 余幅图，北京中轴线古建筑测绘图的总量应当是 710 余幅。

这里尚有一段历史典故值得在此记述：现藏于日本东京帝室博物馆的《清国北京皇城》，系日本学者伊东忠太博士与助手奥山恒五郎及照相师小川一真于明治三十九年五月（1906 年）来北京城考察多年后，根据有关文献资料与实地调查研究编纂而成的专门记述紫禁城真迹图文并茂的大型书籍。《清国北京皇城》由文字阐释与图片示意两部分组成。在文字阐释部分分别按照北京城、紫禁城内九重殿门（午门、太和门、太和殿、中和殿、保和殿、乾清门、乾清宫、交泰殿、坤宁宫、坤宁门）、西苑、万寿山、天坛、先农坛、日坛、雍和宫、黄寺、文庙等次序予以分解说明；图片部分共收录有 172 张皇城建筑历史遗迹的珍贵照片。《北京宫殿建筑装饰》分模样、色彩、结论三章对北京皇城建筑装饰特色与工艺制作法予以全面介绍。2008 年 3 月 17 日，香港志莲净苑委托张之平高级工程师将《清国北京皇城》《北京宫殿建筑装饰》及中日英文复印本各一套赠送中国文化遗产研究院。《清国北京皇城》《北京宫殿建筑装饰》翔实地映现了清代北京皇城建筑营造、装饰特点与工艺制作法，对文博系统正在进行的古代建筑遗产保护与研究及修缮工作具有重要的参考价值，史料价值弥足珍贵。

1941—1944 年间，张镈受托率领一批志同道合的师生对以故宫为中心的北京城中轴线重要建筑进行全面测绘，并绘制建筑测绘图 660 幅，其中 304 幅现收藏在中国文化遗产研究院，356 幅收藏在故宫博物院。此外，中国文化遗产研究院还收藏了有关故宫建筑的历史照片数百张。中国文化遗产研究院和故宫博物院所珍藏的史料与香港志莲净苑珍藏的《清国北京皇城》《北京宫殿建筑装饰》相得益彰、互为补充，而成为一套完整的图文并茂的原真性史料，可谓是目前为止最为完备的故宫营造信史，其历史价值、科学价值、艺术价值，自不待言。

北京中轴线的规划及其建筑群基本保持了元、明、清三朝京城的规划与都城建筑历史原貌，是代表中国古都最高规格与水准的建筑形态，成为中国古都规划建设的“活化石”。北京中轴线的长度、规模以及历史之久远、文化内涵之深厚、空间规划与建筑布局之严谨，堪称人类城市规划与建筑史上的奇迹。元、明、清三朝京城共规划建设了宫、殿、陛、桥、门、楼、阙、廊、广场、御道、万岁山等建筑 64 处，建筑物遗存至 20 世纪初共有 45 处，至今保存了元、明、清三代京城原有的 32 座各类型的主要建筑，如正阳门五牌楼、正阳门瓮城前门及箭楼、正阳门及城楼、外金水桥、天安门、端门、午门、内金水桥、太和门、太和殿、中和殿、保和殿、乾清门、坤宁宫、坤宁门、天一门、景山万岁门、鼓楼、钟楼等。

张镈率领同人及弟子所进行的北京中轴线古建筑测绘是彼时针对北京中轴线最大规模的一次工程测绘，系统地将北京城中轴线古建筑从北到南逐一测绘下来。当时北平被日本占领，这些建筑师为了留下古建筑珍贵的历史资料，冒着极大的风险，在敌人的眼皮底下搭起了几乎和古建筑等高的脚手架，一点点地绘制图纸，最终圆满完成了任务。这批图纸原藏于中国文化遗产研究院，20 世纪 60 年代，出于工作的需要，国家将其中与紫禁城建筑有关的 300 余幅图纸调拨给故宫博物院。2015 年，故宫博物院和中国文化遗产研究院将中轴线实测图合璧，以建筑测绘图例的形式完整再现 20 世纪 40 年代北京中轴线古建筑的原貌。这些资料面世后，对于北京文化遗产保护、中轴线古建筑申遗和历史建筑的修复与研究都具有重要意义。

另一重要收获是通过古建筑测绘的实践培养了一批人才。鉴于掌握大量建筑测绘资料，文物整理委员会依靠社会资助特意成立“古建筑研究所”，张宪卢、虞福金、杨学智、高文全等留在研究所继续科研工作，林运荫、林伯年、陈濯、李锡震、李永序等均为佼佼者。（待续）

（原中国文化遗产研究院研究员，现中国艺术研究院研究员）

国家意志的集中展现

——评述新中国成立十周年的北京 20 世纪建筑遗产

陈雳

新中国成立十周年前后北京兴建的建筑是在极其困难的条件下建设实现的，国家意志成为这一系列建筑完成的直接动因，全民参与迸发了城市建设的巨大力量。建筑师们突破了当时设计思想的禁锢，出现了创作思想多元化的局面，最终成功地运用了各种复杂的建筑技术，圆满完成了建设计划，成就了这些经典的北京 20 世纪建筑遗产。

北京是千年古都，中国文化的中心，拥有最多的世界文化遗产，北京城既展示了古代的中华文明，也开启了近代中国的新文化。1840 年以来，由于处于近代中国政治文化中心，北京城发生了剧烈的转型变化。在建筑领域，传统文化与外来文化碰撞涵化，打破了原有的传统建筑城市格局，产生了丰富多彩的建筑形式，既保留传统风格，又有西洋风格，还有传统复兴的样式。1949 年之后，北京城市建筑在近代发展的基础上经历了更具深刻意义的变化，城市规划无形中成为全国各地学习的标准，是社会、经济、文化政策和实践的直接体现。

1959 年秋，人民大会堂、军事博物馆、工人体育场等国家工程相继竣工，北京“十大建筑”之名不胫而走，而后 1988 年、2001 年、2009 年，北京又相继评选过 “十大建筑”。但是无论怎样，新建筑都不能具有新中国成立十周年期间北京建筑那样的历史意义，它们开启了新中国现代北京建筑的新篇章，是当之无愧的城市丰碑。新中国成立十周年前后的北京城市建筑是中国社会主义城市规划特色和建筑风格的集中体现，它们标注了城市发展的风貌，吸收了国外（主要是前苏联）的建筑思想、营造技术和管理经验，为新中国建筑业的发展开拓了新的道路。对新中国成立十周年前后北京 20 世纪建筑遗产的正确认识，有助于全面评价新中国成立初期古都城市现代化建设道路的历程，从理论上认识我国城市规划建设与历史风貌保护的关系，也有益于启发当今人们仍在关注的中国建筑发展道路的思考。

一、北京的建设背景

1949 年之前的北京城残破不堪，城内的主要建筑是明清遗留下来的平房四合院，全城的道路中只有前门大街、东西交民巷、王府井和西单北大街等几条低级的沥青道路。老城区的制高点一直就是景山中峰万春亭，鲜见现代化的标志建筑。解放之后，北京城内开始了改造建设，疏浚河道，铺筑道路，整饬城市设施，城墙外的荒野和农田上陆续出现工业区、科教区、居民区等。由于百废待兴，物力财力有限，除北京展览馆苏式建筑群、王府井百货大楼等几处建筑外，没有太多的大型建设项目。此时不要说首都的新形象，就是基本的城市功能也难以满足，“十大建筑”从某种角度看也是属于应急的项目。当时全国性的大规模会议，没有合适的场地，国家领导人接见外宾的任务被安排在刚建成的北京体育馆进行；老前门火车站无法承载日益增长的客运量，车站走廊、站前广场变成了露天候车室，拥挤不堪；组织体育比赛，只有先农坛一处稍具规模的体育场，东单和地坛各有一块不标准的小足球场……这种情况下，上马一系列正规的公共建筑势在必行。

1958 年 9 月初，新中国成立十周年之际，中央决定扩建天安门广场、拓宽长安街，同时兴建包括人民大会堂在内的一系列重要的公共建筑，而我们所熟知的 “十大建筑”并没有经过任何评选，只是城市建设的计划内容。今天被评为中国 20 世纪建筑遗产的北京建筑之中，新中国成立十周年前后竣工的建筑是一个重要的群体，包括人们耳熟能详的当年北京“十大建筑”的大多数，如人民大会堂、中国革命和历史博物馆、北京火车站、北京工人体育场、北京全国农业展览馆等。今天，无论人们对这些建筑持有什么观点，也不论这些建筑有什么不足和缺欠，人们都不会否认“十大建筑”的建成是建筑工程史上的奇迹……其建筑技术之复杂、施工之艰巨都是前所未有的，它是政治意志、民族自豪、群众力量的巨大胜利。

二、国家意志的集中体现

在距离 1959 年的国庆节还剩下一年多时间的时候，这些建筑还只是纸上谈兵，甚至连草图都没有，材料设备、施工力量严重不足，前苏联专家已经全部撤出。在这么短的时间内凭借中国人自己的力量，能够圆满完成这些高规格的建筑吗？为了迎接国庆十周年的庆典，向世界展示新中国的首都新面貌，国家意志成为这一系列建筑完成的重要的推动力量。新中国成立十周年的建筑由最高领导层亲自过问，反复审核定夺，倾尽全国之智力、财力、物力，凭借着“大跃进”激发起来的高昂斗志，以社会主义会战的方式，有条不紊地推进，这一盛况在中国城市建设史上空前绝后，在世界建筑历史上也是绝无仅有的。

“三边建筑”（边设计、边筹料、边施工）在建筑历史中从来没有出现过，展示了社会主义集中力量办大事的传统。在北京的几十家设计单位，全国知名的建筑大师云集首都，他们有梁思成、杨廷宝、张开济、吴良镛……他们被要求在最短的时间内拍板最优的建筑设计方案。为了完成首都的十大建筑，全国都被动员起来了，仅进京支援人民大会堂修建的技工就有 7000 多人，几万建设大军夜以继日地全身心奉献。每天到工地参加义务劳动、搬砖运土、抬钢筋的部队官兵、学校师生、干部群众更是不计其数。1959 年国庆节之前，北京的新建筑拔地而起，总面积达 67 万平方米，从确定方案到全部竣工甚至不到一年时间，创造了工程史上的奇迹。

三、建筑设计思想的突破

新中国成立之后建筑设计思想的桎梏还是存在的，来自于西方国家的现代主义建筑形式被来自苏联的建筑理论定性为资本主义的“方盒子”。在学习苏联经验的时候又因为“民族形式”造价高昂，被定性为复古主义而受到批判。那么新建筑风格要“现代”还是要“复古”呢？问题一旦上升到意识形态，就是很大的问题，当时的建筑设计师处于两难的境地。

一年时间建成十大建筑，对于突破建筑设计思想的禁忌是一次难得的机遇，对于如此大的工作量，真正的建筑专家必须担当主要角色，政府对建筑风格很难有统一的限制，甚至鼓励多元建筑思想的表达，“建筑师的创作周期虽然紧张，但气氛相对宽松”。建筑师的创作热情也被激发了出来。

以人民大会堂为例，征集方案之初就有传统大屋顶的设想，也有资本主义的“方盒子”和“大玻璃”的方案，还有俄式尖顶的方案，最终确定的方案是既以现代风格为主，又兼有各种文化元素，兼具欧洲古典建筑传统和中国传统法式规制的柱廊，东方传统图案的柱头，西洋比例的檐口，琉璃瓦的贴面。如果一定要问人民大会堂的建筑属于什么风格，所呈现的就是最好的答案。此时，其他的建筑有中国传统风格的（如北京火车站），有西方现代风格的（如中国人民军事博物馆），更多的是中心交融、多种手法共存的（全国农业展览馆、北京民族文化宫等）。

四、建筑技术与施工的成就

新中国成立十周年建设的建筑成功实践了新技术，如薄壳结构、预制装配结构，甚至悬索结构，这些实践暗合了世界现代建筑的潮流，掀起了中国现代建筑的高潮。这些建筑的建造过程是国际现代建筑发展历史的一部分，中国的建筑发展并没有与国际潮流完全隔绝。

“三边”工作法是一个大胆的举措，与全民动员大会战的工作方式一起成功地将北京新中国成立十周年项目不断推进。无论后人怎样评价，毫无疑问，新中国成立十周年建筑在新技术和施工质量方面获得了成功。北京民族饭店是中国第一座大型预制装配式高层框架结构建筑，建筑造型与结构形式合而为一。而北京火车站大胆尝试新的结构形式，中央大厅采用了35米 ×35米的预应力双曲面薄壳，并且大胆外露，配以立面双塔，实现了功能、结构、造型的完美统一。

今天我们客观理性地参观这些建筑，回忆这段历史，仍然能够感受到其中震撼人心的力量。当前的建筑活动，必须经过严格的立项审批、设计施工的程序，依照系统化的监管制度和工筹规范，不会再像当年国庆献礼建筑那样组织全民会战，而且当前的建设活动每一步都必须有经济核算，今天的城市建设也是一种经济行为。也许有人认为，当年的建造方式不符合建筑规律，组织不够科学，不会出现精品建筑，但是对于任何事物的评价都不能脱离时代背景。新中国成立之初我们国家一穷二白，物资匮乏，建筑业体系不完善，这些建筑是凭着建设新中国的热情，全民动员，不计报酬来完成的，这件事本身就是世界城市建设史上的一个奇迹。新中国成立十周年期间北京的20世纪建筑遗产不仅有建筑本体的价值，更具有背后的重要历史价值和一个时代的情怀。

（北京建筑大学副教授、建筑学博士）

译者评介——《勒·柯布西耶：元素之融合》

王展

这是一本总结现代建筑界的大师勒·柯布西耶一生的传记书。

这也是一本关于“什么是艺术”的哲学书。

我很庆幸，我正式翻译的第一本书就是这样一部“干货满满”，从技术升华到哲学的巨著。纵然前后历经 7 年，书稿在我和编辑先生之间往返多次，互相修改，费尽心力，也是值得的。

作者冯·穆斯先生深挖柯布的生平，叙述了柯布的学习、立业、著述、突破的一生，从绘画、建筑设计、工业设计、城市发展理念等各方面，全面总结了柯布的思想、尝试、成就和失败，展示了现代建筑界的大师勒·柯布西耶一生的追求和演变，经验与教训，引领时代的圭臬之作以及被时代埋葬的歧途。

他将这部书命名为 *Elements of a Synthesis*。我们（我和编辑先生讨论再三）将中译名定为“元素之融合”。但是，随着这篇评介在我脑中成型，我越来越坚定地认为，我们应该在下一版中，将译名更换回最初提出的“集大成者”——尽管作者冯·穆斯先生对柯布采取客观而不带感情的视角，尽管书中陈述了柯布的成功与失败，尽管柯布提出的思想大多数早已不适应世界的需要，但这位大师的一生，从传统走向现代，闪耀着“突破桎梏”的光辉。无关其作品是否全都美好、实用，勒·柯布西耶的一生就是一场伟大的艺术。

一、朗香

提到柯布，大多数人最先想到的应该就是朗香教堂。然而朗香教堂在柯布的一生中，本是“穿越”的一笔。

朗香教堂设计于 20 世纪 50 年代初。在这之前，柯布在美国、欧洲和亚洲对于公共建筑的投标早已全军覆没。也许是一次次的失败反倒刺激了柯布的雄心，也许是柯布的关注点自发地越来越大，国联宫（万国宫）、苏维埃宫、联合国总部等一系列的尝试，搭配“多米诺体系”“新建筑五要素”和“新精神”等一系列观点，让柯布给世界留下了“激进”“工业化”甚至是“世界大同”的鲜明形象。

于是，朗香的设计任务好像是从治国平天下的幻境中返璞归真的一笔。一座独立于山中的小教堂，让柯布从壮丽和庄严的世界公共建筑群，一时穿越回群山之间的乡村。但是，他不是一个人在穿越，他带回了混凝土。

柯布出生于 1887 年。同年，德国工程师科伦首先发表了钢筋混凝土的计算方法；英国人威尔森申请了钢筋混凝土板专利；美国人海厄特对混凝土横梁进行了实验。非常巧合，柯布一生的思想和实践，都与钢筋混凝土密切相关。

在朗香教堂的设计中，柯布摒弃了传统的砌体结构，将教堂当作一件艺术品来设计，充分利用了钢筋混凝土的可塑性，回应了 1911 年他参观的塞拉比尤姆神庙（Serapeum）后殿——将石块分割，光线则通过烟囱似的高窗射入。

教堂雕塑般的造型既满足庇护所的实用需求，又激起大地诗意的脉动，仿佛教堂内部与外部之间的对话。

它以潜望镜光束的形式捕捉阳光，然后再透射到洞穴似的后殿和三面的小教堂中。

这既是结构工程的实验，也是“从对象反映诗意”的一个准超现实主义的并置（据勒·柯布西耶自己说，他设计屋顶的灵感来源于他在长岛海滩上见到的一个贝壳）。

二、工业化

柯布早年发布了名叫“多米诺体系”的构造形式——当年，他还叫夏尔—爱德华·让纳雷。这种构造形式是以混凝土立柱为支撑，由楼梯连接的双层基础系统。屋顶的层板并没有由横向的梁框架支撑，它们被设计成具有拉伸和抗压功能的均质表面——在当年，这也是钢筋混凝土才拥有的特性。

多米诺体系创生于第一次世界大战的末期，柯布的目的很明确：他相信这套简单的系统很容易规模建设。当这个基础体系在战争毁坏区建立后，每位居住者就可以根据个人的不同需求来为最基本的建筑构架添加必要的剩余部件，如门窗、隔断等。

这大概是柯布为工业化、规模化生产着迷的开端。

在 1907 年，法国工商部本想筹办一次展会，创造一个法国艺术与工艺的市场，来抵御外来产品的强势流入。战争将这次展会拖延到了 1925 年。柯布作为杂志《新精神》的编辑，受邀建设“新精神馆”。然而，新精神馆虽然典雅，却直白地反对了本次展览想要重申的概念——手工艺与室内装饰。柯布在新精神馆中没有使用任何“设计过的”家具、陈设或器皿，取而代之的是实验室用的烧杯、任何咖啡厅都会用的简单酒杯以及在亚欧大陆和两个美洲数以万计地投入使用的木椅。

这是柯布对传统设计领域的一次公开抗争。

在新精神馆的一个侧翼展区，柯布展示了两个巨大的模型，一个是拥有巨型十字塔楼和宽阔的直线街道的“拥有 300 万居民的当代城市”；另一个是巴黎市中心改造方案——他称其为巴黎的《瓦赞规划（PlanVoisin）》。

和 1922 年柯布提出的“雪铁龙住宅（Citrohan）”一样，瓦赞（Voisin）也来源于现代工业的新产品——汽车（AvionsVoisin，一个曾经的法国豪华汽车品牌，一度与宾利、布加迪匹敌，后因资金周转问题而没落消失）。柯布坚信当代大都市的需求与未来城市变革都与机动车交通密不可分，正如他坚信（居住型）房屋的设计、生产与营销就像船只或车辆一样（规范和量产）。

《瓦赞规划》大刀阔斧，并不现实。柯布自己也明确指出它并不是一套完整的解决巴黎中心城区相关问题的办法。它主要的目的是引起公众的注意，让公众的关注点从传统的城市设计提升到新的高度，包括住房、商务住宿和交通在内的巨型系统——城市文明。

三、城市文明

这本书第五章的标题“城市文明”的原文是“Urbanism”。这个词在词典里的解释大多是“城市化、城市学、都市生活”之类，其法语版本“Urbanisme”正是柯布的一本著作的名称，某位翻译界前辈将之译作《明日之城市》。冯·穆斯先生使用这个标题固然是呼应《明日之城市》一书，但是“明日之城市”来源于译者对于书稿内容的理解——阐释柯布西耶对于未来城市的憧憬，而 urbanism 一词本身则远远大于“城市”

或“明日之城市”。

天津大学出版社，2017 年 9 月版

刘易斯·芒福德在若干著作中提到：urban 一词所呼应的是人类文明从愚昧走向文明，从碎片走向聚合的过程。在 urbanization 中，既包括从乡村走进城市的空间形态变化，也包括从随心所欲变得遵守规则的意识形态变化，表现的是人类文明的进步过程。Urbanism 作为一个学科，研究的是人类文明的聚落形态在由乡村走向城镇时的全部方面。但是考虑到在当下汉语言文字的习惯中，urban 已经根深蒂固地与“城市”绑在了一起，我将 urbanism 解作“城市文明”。

从 20 世纪上半叶开始，由于技术、文化的迅速变迁，人类被给予了更大的能量和更高的期望，“城市”从被建设形态所限制的实体迅速变成了一种形而上的经济活动聚合体，人类活动的种类分异开始主宰城市的形态——在我国，“特色小镇”“产业新城”“历史名城”各自具有不同的形态；放眼世界，更是赫然存在纽约和洛杉矶这两座完全两个极端的城市形态。

这种迅速的技术变革扩张了人类建筑能够触及的高度——又是混凝土。第二次世界大战后的城市重建、新秩序带来的新工程又给予建筑师更多的发挥空间。这让柯布热血沸腾，却四面碰壁。最终他意识到，在一个先进的工业社会中，自由主义和金钱主导一切，那样的社会中，没有一位建筑大师的容身之地。

受到精英阶层的价值观和兴趣、政治体制模式的影响，建筑师们仅仅是在提供能够代表这些影响力和兴趣的融合方案，当然有的时候这个方案会是特别出众的——勒·柯布西耶就经常能够提出这样出众的方案。

四、传承

为了更好地理解勒·柯布西耶的价值——为什么他的一生就是一场伟大的艺术？为什么我在今天又坚持将中性的“元素之融合”改回光辉

的“集大成者”？我需要提到另一种艺术、另一位大师——巴勃罗·毕加索。

柯布将他与毕加索一同参观马赛公寓建设现场的照片印在《勒·柯布西耶全集》第五卷的扉页，表明了他对这个关键场景的重视。在我的理解中，除了柯布早年确实尝试成为一名画家，还给了他跨界与毕加索交流的平台。更重要的是，绘画界的毕加索，回映出建筑界的勒·柯布西耶。

毕加索的艺术修为毋庸置疑，然而让毕加索成为 20 世纪最伟大的艺术天才的，我认为不是他的任何一部作品，而是他一生中作品的蜕变过程。安德烈·马尔罗对毕加索和他的作品的评论：他最终的目标不是他的画，而是泽尔沃斯所复制出的画册。在后者中，他的作品那令人窒息的成就，其震撼程度远远超过其中任何一个的独立效果。

清华大学有一位“颇具争议”的老师，帅松林先生，在《审美的历程》一书中写道：“三岁孩童也能挥就形似毕加索的抽象画，却无法被称为艺术。是毕加索‘穷尽前路，突破桎梏’，开创出艺术新领域的蜕变，让他本人成为一场最伟大的艺术。”

勒·柯布西耶也是如此。他的思想常常不切实际，很多作品豪放、“粗野”。任何模仿或复制他作品的行为，都难以成为艺术。柯布从传统的典雅走向“粗野”的过程，才是艺术——一场涉猎绘画、建筑、工业设计、城市文明，集大成的艺术。

这就是这位现代建筑界的大师给我的启发。

感悟志雄先生逝去的十年

殷力欣

2018 年 3 月下旬，我收到金磊先生的电话邀约：清明节前后择日赴八达岭墓园凭吊亡友刘志雄先生。这个邀约本身就很令我感慨：十周年了，百忙之中的金先生还挂念着已经故去整整十年的老友，这在当今有几人能做到呢？“人生得一知己足矣，斯世当以同怀视之”，大概说的就是这样一种历久弥新的真挚的情谊吧？

3 月 27 日上午，我们如约来到志雄兄墓前，除了金先生和我之外，还有崔勇先生。如果说金先生是与志雄兄共同创立建筑文化考察组的合作伙伴，则崔兄是志雄兄任中国文物研究所（今中国文化遗产研究院）信息部主任时，从中国建筑工业出版社引进来的研究型人才。不负志雄兄之器重，崔勇兄现在已是著作等身的知名学者了。而在 2006 年前后，我与崔兄以及另一位年轻学者温玉清，都曾在志雄兄的领导下，从事院藏中国营造学社文献资料的整理、研究工作，并取得了当时并无轰动效

刘志雄墓碑

《文博学人刘志雄》书影

应，但日后必惠及后学的一系列发现。例如那张梁思成、莫宗江绘制于1932年的"蓟县独乐寺观音阁"复原图，就是我们在资料库的一个角落里发现的，而在此之前，即使是清华大学建筑学院编辑《梁思成全集》，所使用的也仅仅是这张水彩渲染图的黑白照片副本。

不知不觉间，我本人也到了眼前的事转眼就忘而十年以上的事却历历在目的年纪了——此刻我正冥思苦想昨天刚看到的有关独乐寺的一则新闻，却清楚地记得十一年前做陈明达《蓟县独乐寺》的增编工作，志雄兄拿到样书时的那副开心的样子，尤其是看到蓟县独乐寺观音阁水彩渲染图终于原貌收录于该书的瞬间，他连声说"太棒了"，似乎那种成就感丝毫不逊色于更早以前他自己专著《龙与中国文化》的面世。或者，此正说明志雄兄求道悟道之心是远高于世俗名利的。令人遗憾的是，发现这张图之后不到一年，志雄兄就壮志未酬而英年早逝，又时隔不久，比他更年轻的温玉清竟然也因身染重疴而撒手人寰。

回想起来，志雄兄与温玉清的相继辞世，使得我们这个民间自发的"建筑文化考察组"严重受挫。尤其是志雄兄作为院藏建筑历史文献向社会开放的倡导者，其个人的早逝，竟使得一度引人注目并取得良好社会效益的文献公开局面又陷入停顿状态——可知无论在什么样的大环境下，个人的学识与努力，也往往是成就一项事业的关键。不过，从另一方面看，十年过去了，尽管志雄兄的逝世导致建筑文化考察组的工作严重受挫，但毕竟有逝者的垂范在前，加上志雄兄的挚友金磊先生的坚持以及其他成员的鼎力协助，考察组至今犹存并逐渐走出低谷，而且取得了一系列新的成果。比如，2008年志雄兄逝世之后，我们不仅坚持了对古代建筑实例的实地考察，而且把视野扩展到了近现代建筑（特别是20世纪建筑遗产）领域。在我心目中，《中山纪念建筑》《抗战纪念建筑》《辛亥革命纪念建筑》等的编撰成功，与《义县奉国寺》等古建筑经典系列丛书的编撰一样，饮水思源，也得益于当年志雄兄与金磊先生具有远见卓识的倡导。

3月27日上午，金磊先生、崔勇兄和我本人，我们三位伫立于志雄兄墓前，我们以一篇共拟的诔辞向亡友汇报了我们这些年的工作和缅怀之情。来到墓前的是我们三人，但我们也代表着其他因故未能到场的朋友。

志雄兄的墓碑正面，铭刻着这样的文字："仁者 智者 探寻者 刘志雄驻足于此清凉山境。"这几行文字是当年应志雄兄遗孀王秀君女士之邀，由我归纳定稿的。我还奉命草拟了碑阴铭文，记得其中有这样一句："公

2007年发现的“蓟县独乐寺观音阁”水彩渲染图

之一生，乐山乐水，仁智并美。公曾从事地质勘探，足迹遍及朔北，后致力于传统文化遗产之整理发掘，遂倾爱于斯，至死无所悔也。”这次行色匆匆，我没来得及看看碑阴文字的定稿。

十年了，我自己觉得当年对亡友的盖棺总结大致是不错的，志雄兄在我心目中永远是一位“仁者、智者和探寻者”。

亡友已然驻足清凉山境，而我们这些生者的探寻步伐却还要持续下去——这将是对亡友最好的纪念。

附：殷力欣代表建筑文化考察组所致“刘志雄（1950—2008年）逝世十周年祭词”

惟公元2018年3月27日，值亡友刘志雄先生十周年忌辰，先生之旧友金磊、崔勇、殷力欣等齐聚于北京八达岭墓园，谨以鲜花果蔬敬献先生墓前，略表殷殷思念之情于万一。先生本津门望族哲嗣，生于1950年，成长于文运昌盛之京华。少年聪慧仁厚，敏于学，博闻强记，长于经史，并举诗书画意，正所谓“志于道而游于艺”者也。惜时逢“文革”，致弱冠失学，遂壮行内蒙草原。虽命途多舛如此，乃自强不息，磨砺十载，终学有所成。先生历任文物出版社、古文献研究室及中国文物研究所职守廿余载，屡有文史佳作问世，如《龙与中国文化》等；又力主开放中国文物研究所珍藏文献，令“学术为天下之公器”在文物界、建筑界成为共识；旋即与金磊等筹组建筑文化考察组，力图接续中国营造学社之伟业。先生潜心问学，而于家室则尽孝父母，敬爱妻子，呵护爱女，扶助弟妹诸事面面俱到，尤为朋辈艳羡。惜公值学养成熟、踌躇满志之际而身患不治，于2008年与世长辞，惜哉！痛哉！先生壮志未酬，然身后朋辈问世之《田野新考察报告》（六卷）、《义县奉国寺》和《中山纪念建筑》等力作，无一不得益于先生生前之远见卓识也。先生辞世，至今已满十周年，吾等谨献祭辞，略表缅怀。诔曰：

鸣呼志雄，其志惟雄。
孜孜求道，矢志不渝。
究心大匠，考工天书。
沟通儒匠，不啻先驱。
君之齐家，孝慈师朋。
君之待友，同袍弟兄。
君之壮岁，华章恢弘。
十年生死，天地一方。
妻女失怙，旧雨心伤。
所慰藉者，未竟有偿。
君之遗志，山高水长。
灵前拜谒，俎豆芬芳。
伏惟尚飨！

旧友于刘志雄墓碑前留影

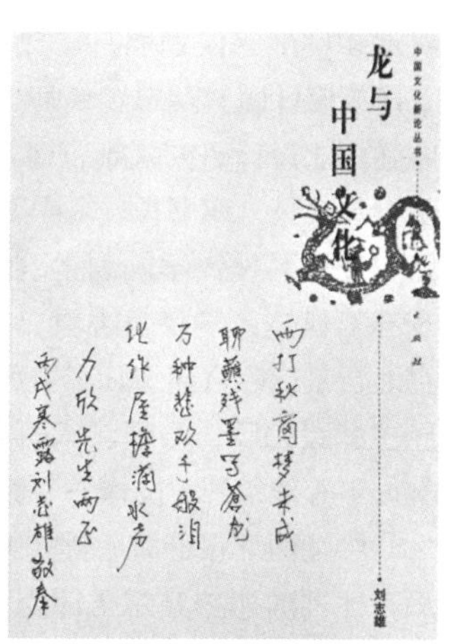

刘志雄《龙与中国文化》自题诗

“重走洪青之路婺源行”建筑考察活动综述

《建筑评论》编辑部

2018年4月21日至23日，在陕西省土木建筑学会建筑师分会与著名建筑师洪青之子洪涛的共同策划下，陕西省部分建筑设计学会与高校及《中国建筑文化遗产》和《建筑评论》编辑部联合举办了“重走洪青之路婺源行”活动。本次活动旨在响应国家振兴我国优秀传统文化，重塑中华民族文化自信心的号召，追溯洪青成长之路，向洪清大师学习，深入中国传统建筑文化典型代表的婺源，亲身领略中国建筑文化的魅力，提升建筑师对建筑经典的认知和文化自信。考察团队在4月21日、22日，先后前往婺源清华镇的彩虹桥、百年老宅汇集的思溪延村、人文盛行的李坑、徽州古商埠汪口、伟人故里江湾等古村落展开田野考察。4月23日晚，在陶溪川陶瓷创意园区举行座谈会，大家围绕洪青以及老一代建筑师的建筑创作经历和设计思想的传承与弘扬以及当代建筑师面临的机遇和挑战等议题展开了热烈讨论。由全国工程勘察设计大师、中建西北建筑设计研究院总建筑师赵元超主持，洪青总建筑师之子洪涛及夫人，中建西北设计研究院副总建筑师安军，中国文物学会20世纪建筑遗产委员会副会长、秘书长、《中国建筑文化遗产》和《建筑评论》主编金磊，西安建筑科技大学规划学院院长邹庆华，陕西省设计院院长刘小平，西安建筑科技大学院长姚慧，中建西北设计研究院专业总建筑师李子萍，台北贾孝远联合建筑师事务所主持建筑师贾孝远，《中国建筑文化遗产》副主编殷力欣，中国艺术研究院研究员崔勇，天津大学出版社原副社长韩振平等建筑界、文博界专家学者出席交流活动。

中建西北设计院总建筑师洪青（1913—1979年）早年留学欧洲，先后在比利时布鲁塞尔圣律克艺术学院装饰美术科、法国国立装饰美术学校建筑科等院校深造，毕业后曾在上海美术专科学校担任美术系教授，

1950 年应国家支援西部边疆建设的号召，举家迁至陕西西安，加入到当时西北建筑公司（中建西北设计院前身）从事设计工作。几十年中他为西安的建筑事业做出了卓越贡献，其作品的影响享誉海内外。在会议中，与会嘉宾纷纷发表了参加本次活动的感言。赵元超大师总结了两天的“重走洪青之路婺源行”活动的成果，并表示通过这次田野考察，深感家乡“天人合一”的生态环境对洪青总设计的影响，如由华清池等设计作品中不难看出他家乡的基因。洪青先生一生经历曲折，但始终没有忘记建筑师的使命，将个人命运与国家命运联系在一起。洪青总建筑创作的文化底蕴与作品将永远被人们铭记。

金磊主编在发言中说，2014 年曾参加了洪青先生的纪念活动，感触很深。他认为洪青总的作品是活在当下的，尤其“活”在每一个西安人身边。而作为一名专业的建筑文化研究者与传播者，中国究竟有多少如同洪青一样的建筑大家还鲜为人知。当下传承并创新中国建筑文化、杜绝“怪诞媚洋”的建筑更应从百年中国建筑及新中国经典建筑中汲取营养，同时感悟洪青总建筑师等一代百年中国建筑师的贡献力，对中国 20 世纪建筑遗产传承与发展做出贡献。

洪涛先生作为洪青总建筑师之子，对本次考察活动有更深的感触，因为对他而言这不仅是建筑专业考察，更是一次寻根之旅。他表示，建筑师是很有底蕴的团体，上海话将有能力、有本事的人叫有“腔调”，他认为建筑师应该是中国最有“腔调”的团体。他的父亲从业经历非常曲折，他印象最深的是父亲对建筑设计工作的痴迷和执着，对不公正待

建筑师茶座现场 1

考察途中合影1

考察途中合影2

遇总是选择体谅，但他最大的苦恼在于无法正常地工作，能力无处施展。即便如此，父亲还是留下了一些受业界肯定、受群众喜爱的建筑作品，并再次感谢参加考察活动的各位朋友。

贾孝远主持建筑师认为，海峡两岸都有逐渐被人遗忘的建筑先贤，他们为建筑设计事业做出了重大的贡献，却不被人们所熟悉。希望对建筑大师们的纪念活动要持续做下去，让现在的建筑师和公众了解他们，认识他们，传承他们的精神。殷力欣副总编说，现在建筑师很多都在抱怨自己的设计理念得不到业主的认可，但是以洪青建筑师为代表的建筑前辈们在那样艰难的时代，克服万难，完成着建筑师的使命，这种锲而不舍的精神、他们厚重的人生故事值得后人挖掘和传颂。邹庆华院长表示，通过对中国传统建筑文化的解析与传承，尤其通过对西安一些近现代建筑的梳理和研究，发现在民国时期中国出现了很多建筑大家，他们创造了属于那个时代的辉煌。这些建筑大家们自觉地将西方流派和中国传统文化结合，创作了一个又一个传世精品。当今建筑师应该继承他们的衣钵，完成充满中国文化自信的建筑创作和理论研究，这关乎到中国建筑界未